自然誌

香春岳

熊谷信孝

海鳥社

題字・大浦郁子

刊行によせて

香春町長
加治忠一

　このたび熊谷信孝さんがライフワークとしてきた香春岳の自然、歴史、生物、地質など多岐にわたる調査研究の成果を「自然誌香春岳」にまとめ出版する運びとなりました。香春岳にかかわり始めておよそ半世紀、その間数え切れないほど足を運び、くまなく歩き、山を熟知している熊谷さんは、香春岳の魅力について「小さい山でありながら多種多様な研究材料を提供してくれ、関わればか関わるほど魅力が湧いてきます。研究者にとって宝の山のようです」と語っています。熊谷さんの並々ならぬ探求心と厚い思いが凝縮されている言葉です。

　また熊谷さんは、香春の自然環境の保護、保全やサル対策、ボランティア組織「道草の会」の人たちと登山道の開拓、整備活動を地道に続けられ、本町にとりましても多大なご貢献とご尽力をいただいています。古代から野生のサルが「群れ」で生息していたのは、福岡県内でも香春岳を中心とする一か所だけでした。

　戦後の経済復興を支えてきた石炭産業が衰退し、代わってセメント、肥料、砂糖が経済発展の主要産業となり、いわゆる3白景気が到来しました。香春セメント工場も量産拡大を図るため、国道322号線から一の岳の頂上まで産業道路を完成させるとともに、砕石、運搬方法の転換を図っています。従来の斜面掘りから大型重機によるベンチカット方式に変わり、その結果、山容が崩れ、動植物の生態系を著しく変化させることになりました。

　一の岳を生息地としていたサルの群れは餌場を失い麓の集落に出没し、農作物を荒らし、家屋にも被害が出始めました。行政、区長、学識経験者などが総合的に管理、被害防止などを検討する「香春町サル対策協議委員会」を起ち上げました。

　また『香春町史』編纂事業を進める中で、熊谷さんに自然環境の専門分野の香春岳の生物（植物、動物）に関する執筆を引き受けていただきまし

た。高校教師として教育活動の傍ら、加えて『香春町史』の執筆という重要な仕事を、持ち前の精神力と集中力で見事「町史」を完成させることができました。その長年のご苦労に対し、改めて感謝申し上げます。

　香春岳は、田川盆地の北方に位置し、3つの山塊が忽然と屹立する強烈な存在感を持つ山です。この盆地に足を踏み入れる者みなに、何らかの感銘を与え、交通の道標となってきた山です。

　香春は、8世紀の「豊前風土記逸文」にもその名が記され、古代から交通、軍事、外交の要衝の地でありました。大宰府官道時代には、大宰府と都（平城京）を結ぶ宿駅として栄え、さまざまな大陸文化が往来しています。

　今から約1300年前、香春岳に埋蔵する銅を産出するため採鉱、精錬、鋳造などの高度な文化と技術を持った新羅系渡来人が居住する先進地でもありました。算出した材料は遠く奈良東大寺の大仏建立、当時の通貨である皇朝十二銭や宇佐神宮の御神鏡にも使用されたと伝えられています。

　五木寛之氏が小説『青春の門』の冒頭で「香春岳は異様な山である。決して高い山ではないが、与える印象が異様なのだ」と描写された山の姿に、昔日の面影はありません。

　毎朝眺める山頂は、巨大な重機によって少しずつ削られ、日に日に低くなり、山は変容を続けています。かつての秀麗な山頂（標高491メートル）は、現在半分の高さまで削られ、平坦で趣のない姿となっています。香春岳の麓で育った者として時代の流れとはいえ、まとこに淋しい限りです。

　人も変わる。世の中も変わる。しかし故郷の山や川や森の風景は変わらないでほしいと思いたいのですが、現実はそうではない。もし変わらないものがあるとすれば、失われたものや失われゆく「大切なもの」を惜しむ人々の記憶だけという思いを強くしています。

　「自然誌香春岳」に収録されている1枚1枚の写真が、変化する時代の一瞬を切り取り、時代を証言する貴重な資料となると確信しています。

　この1冊の本が皆様にとって明日へのエネルギーの源とならんことを切望する次第です。

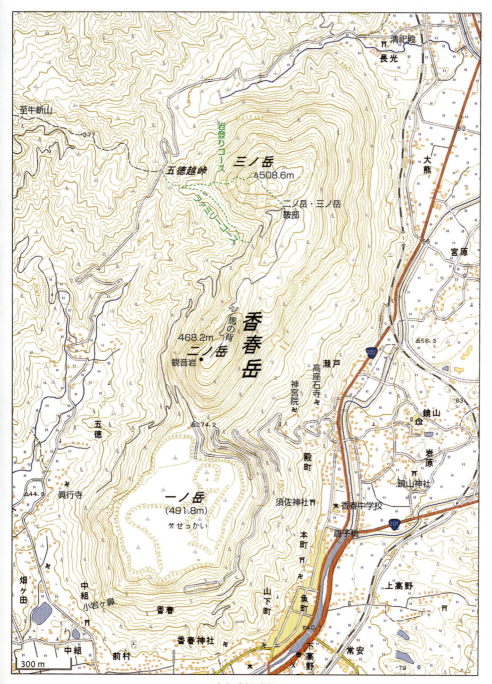

香春岳概略図

もくじ

- 刊行によせて　香春町長・加治忠一 …………………… 3
- 山の景観 ………………………………………………… 8
- 植物群落 ………………………………………………… 20
  - イワシデ群落 22／イワシデ群落の構成種 28／好石灰植物 36／好石灰シダ植物 49／沿海性（南方要素）の植物 52
- 四季おりおりの花 ……………………………………… 58
  - 春 60／夏 88／秋 111／シダ植物 138／キノコ類 141／天然記念物指定木と銘木 145
- 香春岳の変貌と遺構 …………………………………… 152
  - 草原からの二次遷移 154／自然環境を守る活動 157／ニホンザルの生態 159／カルスト 164／ドリーネ 166／風

穴　167／二ノ岳の遺構　171／間歩　175／昔の香春岳の姿　180／一ノ岳の変貌　182／かいわい　185

解説・資料 188

香春岳の成立　190／カルスト地形　191／石灰岩の成分と用途　192／香春岳三山の植生概要　192／二ノ岳での自然環境を守る活動　198／香春岳の植物の多様性　200／西日本におけるイワシデの分布とイワシデ群落　203／イブキシモツケーイワシデ群団　205／香春岳の植物群落　205／香春岳の植物の盛衰　213／香春岳の好石灰岩性コケ植物　214

表1　香春岳における稀少植物　216

表2　香春岳の記録のある絶滅危惧種　218

香春岳のニホンザルの記録　220

参考文献　223／索引　224

あとがき　229

〈1987年10月撮影〉

山の景観

田川市民会館付近からの炭坑遺産の2本煙突と香春岳。491m あった一ノ岳は240mにまで削られてしまった（2014.11.17）

田川市吉田橋からの香春岳。金辺川がゆるやかに流れる（2015.10.25）

旧三井田川炭坑6坑のボタ山からの展望 (2006.9.15)

山の景観　9

五徳の空方（ソラガタ。上ノ組）からの紅葉した二ノ岳。上半分の岩場が我が国最大級のイワシデ林（2014.11.22）

二ノ岳馬の背上部からの大パノラマ、手前から馬の背下部、二ノ岳草原、三ノ岳。茶褐色はイワシデの紅葉(2013.11.21)

二ノ岳山頂西側の観音岩近くから見た三ノ岳。手前は二ノ岳の岩壁 (1998.11.25)

人を寄せつけない二ノ岳の大岩壁・観音岩の鼻、岩場の高さは約260m（2013.11.21）

二ノ岳の馬の背の全貌、早春、稜線部はイワシデの花でほんのり赤く染まる。尾根は南北に長く東西に狭い、まさに馬の背の形（2014.4.1）

二ノ岳の大岩壁の上方、標高450m付近の地形と植生、ほとんど垂直の岩の割れ目にイワシデ、イブキシモツケ、ヒメウツギなどの低木が育つ（2014.6.24）

三ノ岳山頂から二ノ岳の眺望、深い谷の向うに二ノ岳が聳える。最近は樹木が生長して見通しが悪くなった（2014.5.6）

山の景観

長光新道上部からの三ノ岳西斜面、この斜面には間歩が集中している（2009.11.23）

三ノ岳山頂東側斜面の石灰岩柱（カッレンフェルト）、香春岳では最も発達した部分であるが、ここも樹木が茂って岩が見難くなった（1996.11.23）

三ノ岳山頂部の巨石群、岩場には多様な植物が見られる(1996.11.23)

巨岩にできた溶食条溝(カッレン)。高座石寺境内。このように大規模なものは山の上方には存在しない(2015.2.23)

山の景観　19

植物群落

おもな植物群落として
石灰岩地特有のイワシデ群落をはじめ、
石灰岩とかかわりの強い
アラカシ群落やウラジロガシ群落、
そのほかに
タブノキ・クスノキ群落などがある。

二ノ岳のイワシデ林

イワシデ群落

香春岳を最も代表する植物群落であり、
特に二ノ岳の西斜面は我が国最大級の規模を誇る。

■ 相観

五徳林道から見た紅葉した二ノ岳西斜面のイワシデ林。中央は観音岩の鼻、その右側に千代ヶ谷（2014.11.23）

二ノ岳草原西斜面のイワシデ林の紅葉 イワシデは11月中下旬頃に赤褐色に色付く（2009.11.23）

■ 植生調査を行ったイワシデ林の様子（植物の組成は資料編に示している）

二ノ岳草原の西斜面、コドラートNo.1
傾斜40°、露岩70％、樹高6m、イワシデは10m×10mの方形枠内に5株。基部から多数の幹を斜上している。林床にはチョウジガマズミとバイカウツギが多い（2014.9.22）

二ノ岳馬の背下部西斜面、コドラートNo.2
傾斜45°、露岩60％、イワシデは方形区内に12株。樹高7m、幹を斜上した株もあるが幹の数が少ない直上タイプが多い。林床にヤマブキが多い（2014.4.17）

二ノ岳馬の背上部、コドラートNo.3・4
稜線は縦に巨岩が立ち並び背骨のような形になっている。イワシデをはじめとする樹木は巨岩の両側に生えている
(2014.6.24)

二ノ岳西壁上部、観音岩直下のイワシデ林、コドラートNo.5
ほとんど垂直に近い崖地でイワシデは岩の割れ目にへばりつくように生えている
(2014.6.24)

三ノ岳山頂直下、岩登りコースの最上部のイワシデ林、コドラートNo.6
ほぼ垂直の崖地でイワシデの幹の多くは谷側にさし出す形に伸びている (2014. 7. 24)

イワシデ－アラカシ群落
アラカシを伴ったイワシデ群落で、馬の背の東側崖下に見られる。アラカシ林要素とイワシデ林要素の植物が混じって見られる。右側の株がアラカシで、他はイワシデ (2014. 11. 11)

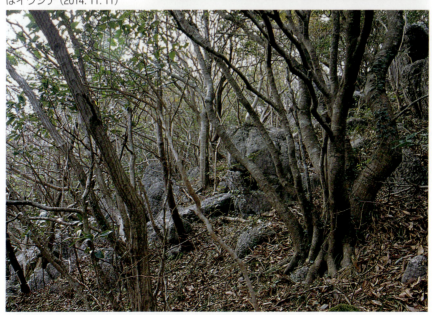

イワシデ群落

アラカシ群落（アラカシーナンテン群集）
二ノ岳の東斜面の標高260－330m付近にある。群集標徴種としてのアラカシ、ビワ、クスドイゲ、ナンテンなどが見られる。アラカシは戦時中に薪炭材として伐採されたので株立ちになっている（1994.8.25）

ウラジロガシ群落
二ノ岳山頂部一帯の比較的平坦な所を広く被っている照葉樹林。ウラジロガシのほかカゴノキ、イヌガシ、ホソバタブなどが多い（2014.10.15）

タブノキ群落
香春岳の東側斜面は早晩クスノキを伴ったタブノキ林に遷移するものと思われる。
二ノ岳ではすでに樹高15m、直径90cm以上の高木の林ができている (2015.1.20)

人工林下のイヌビワ群落
五徳峠から二・三ノ岳への登山道一帯のスギやヒノキの人工林の林床はイヌビワで
埋めつくされている (2014.9.22)

イワシデ群落の構成種

イワシデ
Carpinus turczaninovii Hance
カバノキ科

石灰岩地を最も代表する低木ないし亜高木。好石灰植物の代表であり、大陸系の遺存植物でもある。岩上や岩の割れ目に生え、多くは根元からたくさんの幹を出し斜上して特有の樹形をなす。二ノ岳では馬の背の稜線部、草原西側の斜面や五徳側の断崖、三ノ岳では山頂部付近の岩場などに大きな群落がある。4月上旬、新葉の展開前に開花する。雄花群は長楕円形ないし、ややひも形で枝全体が赤く染まる。果穂は夏に熟し緑色の葉の形をした果苞の間に卵形の果実が付く。

分布：中国地方・四国・九州、朝鮮半島・中国

花　　2001.4.6　二ノ岳
果実　2014.6.24　二ノ岳

イワツクバネウツギ

Zabelia integrifolia (Koidz.) Makino
スイカズラ科

好石灰植物。大陸系の遺存植物。石灰岩上に生育する落葉小低木で高さは30−150㎝、香春岳では二ノ岳の西壁を中心に比較的多く見られる。幹は叢生し幹には6条の縦溝がある。葉は対生して倒卵形や卵形、全縁か時に大きな鋸歯がある。花期は5−6月、花には4個の萼片があり、これは落花後も衝羽根として残る。花は高杯形で平開する。花冠は淡紅色から濃赤色まで個体により異なる。照葉樹が茂り陰になって枯れる部分も出始めている。

分布：本州（中西部）・四国・九州、
　　　朝鮮半島・中国
カテゴリー：絶滅危惧Ⅱ類（環境省）、
　　　　　　絶滅危惧Ⅱ類（福岡県）

全体　1999.5.16　二ノ岳
花　　2015.5.2　二ノ岳

イワシデ群落の構成種

シロバナハンショウズル

Clematis williamsii A. Gray　キンポウゲ科
好石灰植物。イワシデ林の構成種の代表的な存在。日当たりよい場所の低木にからまって伸びるつる性の半低木。葉は3個の小葉に分かれており、葉柄部で他物に巻きつく性質がある。小葉はさらに3中裂して鋸歯をもつ。花期は4－5月上旬、長さ2－3cmの細長い柄の先に下垂する。萼片は4個あり梅花形ではじめ淡緑白色のちに黄白色になる。学名（属名）はクレマチスで花は小さいが観賞用のクレマチスと同じ仲間である。

分布：本州（関東地方南部・近畿地方南
　　　部）・四国・九州
カテゴリー：準絶滅危惧（福岡県）
2014.4.17　二ノ岳

オオコマユミ

Euonymus alatus (Thunb.) Sieb. f. striatus (Thunb.) Makino　ニシキギ科
岩角地植物。岩の多い乾いた環境によく育つ落葉低木。香春岳のイワシデ群落の主要な構成種である。ニシキギの枝にコルク質の翼のないものをコマユミといい、葉の形、大きさでオオコマユミやコバノコマユミなどが区別される。香春岳のほとんどはオオコマユミである。花期は5－6月、総花柄の先に黄緑色の小さな花を数個付ける。秋には鮮やかに紅葉し果実は橙赤色で裂開して1個の種子を出す。香春岳には少数だがマユミもある。

分布：北海道－九州、南千島・樺太・
　　　中国東北・朝鮮
2001.5.15　二ノ岳

チョウジガマズミ
Viburnum carlesii Hemsley var. bitchiuense (Makino) Nakai
スイカズラ科

好石灰植物。高さ2mあまりの落葉低木で岩上に生育している。芽や若い枝に茶色の星状毛が密生しており、葉にも両面に毛がある。花期は4月上旬、枝先にT字形の小花を多数集めた集散花序で径4－6cm。萼は5裂し、はじめはピンク色であるが、のちに白色となる。また花には芳香がある。二ノ岳草原西方のイワシデ林をはじめ馬の背や西側の断崖などに広く分布している。果実は長楕円形で赤色からのちに黒熟する。

分布：本州（中国地方）・四国（香川県・愛媛県）・九州（福岡県）
カテゴリー：準絶滅危惧（環境省）、絶滅危惧Ⅱ類（福岡県）
2013.4.18　二ノ岳

ヤマブキ

Kerria japonica (L.) DC.　バラ科
好石灰植物。イワシデ林内・林縁に多い。高さ1－2mの落葉小低木。幹は叢生して基部は茶褐色であるが上部は緑色、内部に白色の髄がある。花期は4月中旬から5月上旬で花は側枝の先に単生する。花弁は黄色で5個あり平開する。野生のものはすべて一重咲きである。花期を過ぎると花弁は色褪せて白くなる。

分布：本州・四国・九州
2014.4.17　二ノ岳

イブキシモツケ
Spiraea dasyantha Bunge
バラ科

好石灰植物。大陸系の遺存植物。石灰岩上やその割れ目に生える落葉小低木で高さは10-150cm、多くは1m以下である。二ノ岳の馬の背に分布の中心がある。葉は卵形から広卵形で長さ2-5cm、葉身の中部から先に鋸歯があり葉の表面はざらざらしている。花期は4月中旬から5月上旬、花は白色で散房状に付き、庭木のコデマリによく似ている。

分布：本州（近畿以西）・四国・九州、朝鮮半島・中国
カテゴリー：準絶滅危惧（福岡県）

全体　1995.4.29　二ノ岳
花　　2015.5.2　二ノ岳

バイカウツギ

Philadelphus satsumi Sieb. ex Lindl. et Paht.　ユキノシタ科

好石灰植物。おもに岩場に生える落葉小低木で高さは普通1－2m。大きな木は枝分かれして茂っていることが多い。樹皮は灰色で縦に裂けてはがれる。葉は長楕円形で縁に小さな突起に似た特有の鋸歯がある。花期は5－6月、花は枝先に5－9個、集散花序に付き花は梅花形、花弁は卵円形で4個、白色で花の径は2－2.5cm。

分布：本州（岩手県以南）・四国・九州

カテゴリー：準絶滅危惧（福岡県）

2001.6.1　二ノ岳

マルバアオダモ（ホソバアオダモ）

Fraxinus sieboldiana Blume　モクセイ科

イワシデ林の構成種、岩場や稜線を好む落葉低木で高さは2－3m。葉は3－5－(7)個の小葉からなり、小葉は長楕円形で先はとがる。鋸歯はほとんど目立たない。花期は4月下旬で白い小さな花を円錐花序に密に付ける。雌雄異株で花には長さ6－7mmの線形の花弁が4個ある。香春岳には比較的少ない。

分布：北海道－九州、朝鮮半島

2008.4.30　二ノ岳

フユザンショウ

Zanthoxylum armatum DC. var. subtrifoliatum (Franch.) Kitamura
ミカン科

イワシデ林に生える常緑小低木。あまり分枝しない。細くて鋭い刺がある。刺は普通対生で長さ5－20mm。葉には3－7個の小葉があり、葉軸には翼がある。また、葉軸や小葉の両面にも刺がある。雌雄異株。5月に円錐花序に小さな花を付ける。果実は10月に赤熟し、はじけて光沢のある黒い種子がのぞく。近い種類にサンショウ、イヌザンショウ、カラスザンショウがある。

分布：本州（関東地方以西）・四国・九州・琉球、朝鮮半島・台湾・中国

2013.10.16　三ノ岳

ヤマシロギク
（イナカギク）

Aster ageratoides Turcz. subsp. amplexifolius (Sieb. et Zucc.) Kitam.　キク科

文献ではイワシデ林の構成種としてシロヨメナがあがっているが、香春岳では山麓部でしか見られないのでヤマシロギクを入れた。本種は岩場やイワシデ林内にやや普通に生える多年草で高さ30－60cm、茎は直立し白い短毛がある。葉は楕円状披針形で4－6個の鋸歯があり、鋸歯の先端は突起状になる。葉柄はなく基部でなかば茎を抱く。葉の表面は短毛があってざらつく。花期は9－10月、花は枝先に散房状に付き、頭花は白色で径1.5－2.0cm。総苞は鐘形で片の先は緑褐色。

分布：本州（東海地方以西）・四国・九州

2013.10.28　二ノ岳

好石灰植物

キビノクロウメモドキ
Rhamnus yoshinoi Makino
クロウメモドキ科

好石灰植物、大陸系の遺存植物。福岡県内では石灰岩地のみに生育する落葉低木で、高さは1－2.5m、個体数も多くない。稜線部の岩場や崖地を好む。枝の細い部分は紫褐色で光沢があり、長枝の先には丈夫な刺がある。雌雄異株で花期は5月、花は小さく黄緑色、果実は径5－6㎜の球形で10月に黒く熟す。

分布：本州（中国地方）・四国・九州、朝鮮半島・中国東北

カテゴリー：絶滅危惧Ⅱ類（環境省）、絶滅危惧Ⅱ類（福岡県）

1993.10.16　三ノ岳

コバノチョウセンエノキ
Celtis biondii Pampan　ニレ科

好石灰植物、大陸系の遺存植物。落葉小高木。石灰岩地以外でもまれに見ることがある。石灰岩地では高さ2－3mのものが多い。葉の先端部が尾状に伸びているのでエノキと区別できる。花期は5月、単性花で雄花は若枝の基部、雌花は腋生し、共に小さく目立たない。果実は球形で径約6㎜、秋に黄褐色、のちに黒色に熟す。

分布：本州（近畿以西）・四国・九州・琉球、朝鮮半島・中国

2009.5.14　二ノ岳

ヒメウツギ

Deutzia gracilis Sieb. et Zucc.　ユキノシタ科
好石灰植物。高さ1mくらいまでの落葉低木でイワシデ林内の岩上に生育している。どちらかというと樹陰のやや湿気の多い場所を好む。葉は長楕円形、縁には細かい鋸歯がある。葉の表面には柄のある星状毛が散生するが、裏側にはない。花期は5月上旬、花は枝先に円錐花序に付き、白色で花筒や萼裂片にも小さな星状毛がある。
分布：本州（関西以西）・四国・九州
1991.5.4　二ノ岳

ビワ

Eriobotrya japonica (Thunb.) Lindl.　バラ科
好石灰植物。一ノ岳には大きな株があり、また群生した所もある。神宮院には県指定天然記念物の「石割枇杷」が石灰岩の割れ目に生えている。花は11-12月に咲き、果実は6月中旬に熟す。山中にある野生のビワは野生ザルの大好物であるが、果実の径が2-2.5cmと小さく、果肉も厚さは2-4mmで食べられる部分はわずかしかない。当然人家のビワもねらわれる。
分布：本州（西部）・四国・九州の石灰岩地、中国原産
1995.6.17　一ノ岳

モモ

Prunus persica Batsch
バラ科

好石灰植物。一ノ岳・二ノ岳で見られたが鉱区のため立入りができず現状不明。高さ2-3mの低木で、4月に開花して9月に3.5cm×2.5cmの小さな果実が熟すが、食べられるほどのものではない。食用のモモは果肉が、核から離れ難い粘核であるが石灰岩地のものは離れ易い離核であり、昔から山に自生してきたものと思われる。

分布：中国北部原産で日本へは有史以前に渡来したといわれる

1993.4.10　一ノ岳

オニシバリ（ナツボウズ）

Daphne pseudo-mezereum A. Gray
ジンチョウゲ科

好石灰植物。我が国では石灰岩地にのみに生育している。林床に生える高さ1m以下の小低木。幹の皮がはがれ易く、その繊維が非常に強いのでオニシバリの名があり、また、冬に葉を付け夏に落葉するという変わった性質ゆえにナツボウズの別名がある。雌雄異株で花は3月に咲き6月末に液果が赤熟する。果実は有毒といわれるが小鳥は食べるようである。

分布：本州（関東南部・東海地方東部・近畿北部）・九州

カテゴリー：絶滅危惧Ⅱ類（福岡県）

花　　1994.3.31　三ノ岳
果実　1994.6.19　三ノ岳

ツゲ（アサマツゲ）

Buxus microphylla var. japonica Rehder et Wils.　ツゲ科

好石灰植物。ホンツゲとも呼ばれる。『豊前風土記逸文』の鹿春郷の記述の中に「郷の北に峯あり。頂に沼あり、周り36歩ばかりなり、黄楊樹生ひまた龍骨あり、第二峯には銅ならびに黄楊、龍骨あり、第三の峯には龍骨あり」とあるところを見ると、一ノ岳と二ノ岳にはかなりのツゲがあったことが想像される。しかし、それらは伐採され、幼樹まで採られてしまい、今では全く手の届かない所にわずか残っているだけである。

分布：本州（関東以西）・四国・九州・屋久島

カテゴリー：絶滅危惧Ⅱ類（福岡県）

1998.3.26　二ノ岳

ヤマカシュウ

Smilax sieboldii Miq.　ユリ科

好石灰植物。イワシデ林内や露岩地帯などに生えるつる性の半低木で3mくらいまで伸びる。茎は細く、普通径3-4㎜、稜があり多数の刺がある。葉は卵形でややたたんだ形をしており、先はとがっている。長い巻ひげで他物にからまる。花期は5-6月、花披片は長楕円形で淡黄緑色。果実は球形で10月に黒紫色に熟す。サルトリイバラほどには太くならない。

分布：本州-九州、朝鮮半島・中国

1991.5.26　二ノ岳

ヤブレガサ

Syneilesis palmata (Thunb.) Maxim.　キク科

好石灰植物。香春岳の分布は三ノ岳に限られ、山頂の東北部の岩の間に生えるが、今では樹木や草木が茂り近づくことが難しくなっている。春の芽立ちはくも毛をまとって傘をたたんだ状態で現れ、生長に伴って開き、7－9個の裂片に裂ける。花茎は直立し高さ30－70cm、茎葉は2－3個で下部の葉の径は40cm前後、花期は7－8月、花冠は汚白色。

分布：本州－九州、朝鮮半島
カテゴリー：準絶滅危惧（福岡県）
芽立ち　1987.5.4　三ノ岳
花　　　2013.7.12　三ノ岳

ミツバベンケイソウ

Hylotelephium verticillatum (L.) H. Ohba
ベンケイソウ科

好石灰植物。林下の岩上やガレ場などにごくまれな多年草。地上部は冬には枯れ、春にまた芽を出す。茎は高さ30－60cm、多くは斜上している。葉は必ずしも三輪生ではなく対生のことが多い。葉は厚く表面は緑色、裏面は緑白色。花期は9－10月、花序は複散房状に付き、花弁は淡緑白色、裂開前の葯は淡黄色。

分布：北海道－九州、朝鮮半島・中国・樺太・カムチャッカなど
カテゴリー：絶滅危惧ⅠB類（福岡県）
1995.9.11　三ノ岳

コショウノキ

Daphne kiusiana Miq.
ジンチョウゲ科

好石灰植物。高さ1mくらいまでの常緑小低木。ジンチョウゲに似た植物であるが分枝は少ない。雌雄異株。花期は3月下旬、花序はせいぜい10花程からなり、花は白色。5月中旬頃に球状楕円形の液果が赤熟する。液果はすごく辛いのでこの名がある。普通の山地にも生えるが石灰岩地に多い。

分布：本州（関東南部・京都府以西）・四国・九州・琉球、朝鮮半島南部
花　　2014.3.15　三ノ岳
果実　1998.5.23　三ノ岳

ホウライカズラ

Gardneria nutans Sieb. et Zucc. マチン科
好石灰植物。二ノ岳の馬の背や三ノ岳の山頂の巨石群などに生える常緑のつる性植物で岩や低木に這う。茎は緑色、葉は長楕円形で厚く対生。花期は6-7月、花冠は白色、のちに黄色、裂片は披針形で反り返り外面は無毛、内面には短毛が密生している。液果は球形で冬期に赤熟する。

分布：本州（千葉県以西）・四国・九州
2013.12.10　二ノ岳

スズシロソウ

Arabis flagellosa Miq.　アブラナ科
好石灰植物。明るい林縁部や石灰岩上に生える多年草。長さ4-7cmのへら形で縁に鋸歯のある根出葉がある。花期は3月下旬から4月上旬、長さ3-10cmの花茎上に白色で十字形の花を付ける。そして花期の終り頃に長い匍匐枝を出して広がる。

分布：本州（近畿以西）-琉球
2014.4.1　二ノ岳

ミヤマイラクサ

Laportea macrostachya (Maxim.) Ohwi
イラクサ科

好石灰植物。ガレ場のような環境に生える多年草で二ノ岳と三ノ岳のごく限られた所に見られる。茎は40-80cm、葉は円形から広卵形で大きな鋸歯がある。体全体に刺毛があり触れるとひどく痛む。9月頃茎の上方に長さ10cm以上の雌花序、下部の葉腋に短い雄花序を上向きに付ける。本山域には刺毛を持つ種類にイラクサとムカゴイラクサがある。

東北地方などでは若芽を茹でて、あえものや汁の実などとして食べる。アイコと呼ばれる山菜がこれである。

分布：北海道・本州・九州、朝鮮半島・中国

カテゴリー：絶滅危惧ⅠB類（福岡県）

2015.7.25　三ノ岳

バイカイカリソウ

Epimedium diphyllum (Morr. et Decne.) Lodd.　メギ科

好石灰植物。落葉樹林下にまれな小さな多年草。葉は1-2回分枝して小葉を付ける。小葉は極端な左右不相称形で時に縁に刺状の毛がある。花期は4月中旬、花茎は高さ15-30cm、上方に径約1cmの梅花形の白い花を下垂する。花茎や葉柄は細い針金状で麦わら色、根元には前年の枯れた花茎や葉柄が残っている。現在、生育地に照葉樹が繁ったため陰になり、えらく衰退している。

分布：本州（中国地方）・九州

カテゴリー：絶滅危惧ⅠB類（福岡県）

1981.4.13　二ノ岳

ムラサキ

Lithospermum officinale L. subsp. erythrorhizon (Sieb. et Zucc.) Hand.-Mazz.　ムラサキ科

好石灰植物。山地草原にごくまれな多年草で2015年の調査では３カ所に全部で５－６本あるだけの希少種で、今後絶滅する可能性が高い。ネザサなどの草本が繁茂したことによる生育環境の悪化が原因である。高さ40－70cm、葉にはあらい毛があってざらざらしている。花期は６－７月で花冠は白色、径約４mmで小さい。昔、根を染料に用いた。

分布：北海道－九州、朝鮮半島・中国・アムール

カテゴリー：絶滅危惧ⅠB類（環境省）、絶滅危惧ⅠB類（福岡県）

2015. 5. 28　二ノ岳

シュウメイギク

Anemone hupehensis Lemoine var. japonica (Thunb.) Bowles et Stearn　キンポウゲ科

好石灰植物。全国的に見て産地が石灰岩地にかたよっている。山中に生えることはなく山麓部の湿気の多い所に現れる。３個の小葉からなる根出葉があり、茎は高さ50－150cm、茎葉は２－３個が輪生している。花期は10月中旬、茎の先端に紅紫色の径約５cmのきれいな花を付ける。花弁はなく萼片の変化したものである。高座寺境内に多い。

分布：本州－九州、中国

1998. 10. 15　五徳

ミシマサイコ

Bupleurum scorzoneraefolium Willd. var. stenophyllum Nakai　セリ科

好石灰植物。日当りのよい林縁部の岩上や岩の割れ目などに生える多年草。茎は単一で高さ30-60cm、ややジグザグに折れ曲がり上部で枝分かれして花序を付ける。葉は披針形から線形で平行脈。花期は9-10月、花は小さく複散形状に付き、花弁は黄色。名は薬草として静岡県の三島地方で栽培されていたことによる。

分布：本州-九州、朝鮮半島
カテゴリー：絶滅危惧Ⅱ類（環境省）、
　　　　　　絶滅危惧Ⅱ類（福岡県）
2014.9.18　二ノ岳

カラタチ

Poncirus trifoliata (L.) Rafin.　ミカン科

好石灰植物。中国原産の落葉低木で二ノ岳・三ノ岳に自生している。若い枝は緑色、鋭い刺がある。葉は3小葉からなり、頂小葉が大きい。花は4-5月、新緑に先立って咲き、芳香がある。果実は10月頃に熟し、径3-4cm。石灰岩地には柑橘類がよく育ち、神宮院や夏吉のロマンスが丘ではナツミカン、福智町岩屋ではユズが野生化している。

2014.9.28　真行寺

メギ（コトリトマラズ）

Berberis thunbergii DC.　メギ科

好石灰植物。岩角地植物。イワシデ林内に生える高さ１ｍあまりの落葉低木で、幹は分枝して叢生することが多い。枝には稜があり、葉の変形した刺が目立ち、近寄り難い。４月頃、緑黄色の小さな花を垂れる。果実は楕円形で赤く熟す。名は洗眼薬に使用されたことによる。

分布：本州（関東以西）・四国・九州
1998. 3. 26　二ノ岳
花拡大　1998. 4. 17　二ノ岳

サンショウ

Zanthoxylum piperitum (L.) DC.
ミカン科

好石灰植物。三ノ岳の岩登りルート一帯に多い。枝には140－160°の角度で刺が対生しているのが特徴。雌雄異株、花は４－５月に枝先に円錐花序として付く。花は萼と花弁の区別がなく７－８枚の花被片が輪に並ぶ。果実は９－10月に赤熟し、のちに割れて黒色で光沢のある種子がのぞく。

分布：北海道－九州、朝鮮半島南部
1998. 8. 19　三ノ岳

カヤ

Torreya nucifera (L.) Sieb. et Zucc.
イチイ科
好石灰植物。馬の背など石灰岩の岩場に多いが、ほとんどが高さ３ｍ以下の低木で、実の付く個体は少ない。葉は線形で先はとがり触れると痛い。雌雄異株、花は４－５月、前年枝に付く。種子は径１－２㎝の楕円形で10月に熟す。仮種皮ははじめ緑色、のちに紫褐色になり、はじけて種子が出る。種子は食べられる。
分布：本州（宮城県以南）・四国・九州
　　　（屋久島まで）
1997. 9. 11　三ノ岳

ナンテン

Nandina domestica Thunb.　メギ科
好石灰植物。東斜面の照葉樹林の一部には「ナンテン－アラカシ群集」と見られる林分がある。香春岳ではアラカシ林を中心に多く見られ、神宮院の境内でもよく育っている。花期は５－６月、果実は晩秋から初冬にかけて赤く熟す。果実はせき止めになる。また「難を転ずる」ということで色々に使われるが根拠はない。
分布：南西日本の暖帯、元来自生かどう
　　　かはっきりしていない
2013. 12. 3　一ノ岳

ホソバヒカゲスゲ

Carex humilis Leyss. var. nana (Lév. et Vant.) Ohwi　カヤツリグサ科
好石灰植物。葉は長さ40－50㎝、幅は約１㎜で細長く、垂れている。４－５月に熟すが茎は３－６㎝とごく短く、葉の間にかくれて見え難い。香春岳では岩上に群生している所はほとんどなく、三ノ岳の岩登りコースや二ノ岳草原の道の側面などで見られる。
分布：北海道－九州、南千島、朝鮮半島
　　　・中国（東北）・シベリア東部
2015. 5. 28　二ノ岳

カゴノキ

Litsea coreana Léveillé　クスノキ科

好石灰植物・岩角地植物。乾燥した岩場を好み、香春岳には非常に多い。常緑林では高木に、イワシデ林では低木から亜高木にとどまる。幹の樹皮が鹿の子まだらにはげ落ちるところから名前が付いた。花は9月頃、枝の下方の葉のない部分から上方の葉の間にかけて付き黄色、果実は翌年の秋に赤熟する。

分布：**本州（関東・福井県以西）・四国・九州、朝鮮半島南部**

果実　2009.5.14
幹　2015.1.20　二ノ岳

ツヅラフジ
（オオツヅラフジ）

Sinomenium acutum (Thunb.) Rehd. et Wils.
ツヅラフジ科

三ノ岳に多い。岩場から樹林まで広く分布している。落葉性のつる性木本で、つるは径3cmにもなり高木にのぼることもある。葉は5－7角のある円形で長さ10cmあまり、厚く光沢がある。7月頃、円錐花序に小さい花を多数付ける。果実はややゆがんだ球形で青黒色に熟す。

分布：**本州（関東地方以西）・四国・九州・琉球、中国**

2015.7.25　三ノ岳

好石灰シダ植物

キドイノモトソウ

Pteris kidoi Kurata
イノモトソウ科

好石灰植物。石灰岩上にしか生えない常緑性のシダ植物。石灰岩の垂直な壁や岩隙を好む、イノモトソウに似ているが葉の中軸に翼がなく胞子葉は長さ8－22cm、幅4－7mm。頂羽片は1－3対の側羽片より長く伸び、胞子葉では長さ20cmを超えるものがある。縁辺には鋸歯がある。

分布：中国地方・四国（高知県）・九州、台湾

カテゴリー：絶滅危惧Ⅱ類（環境省）、絶滅危惧ⅠA類（福岡県）

2001.7.14　二ノ岳

キンモウワラビ
（オオバノキンモウワラビ）

Hypodematium crenatum (Forsk.) Kuhn subsp. fauriei (Kodama) K. lwats.　イワデンダ科

好石灰植物。大規模な岩壁や岩隙に生えるきわめてまれなシダ植物。二ノ岳にあるが、絶滅寸前の状態になっている。おそらく一ノ岳の採石により生育地の微気候が変化したためと思われる。葉柄基部や根茎に金色で光沢のある長い鱗片があるためにこの名がある。葉身は3－4回羽状複生、多くは三角形。

分布：関東地方・山梨県・長野県・高知県・山口県・九州

カテゴリー：絶滅危惧Ⅱ類（環境省）、絶滅危惧ⅠA類（福岡県）

1985.10.10　二ノ岳

イチョウシダ

Asplenium ruta-muraria L. チャセンシダ科

好石灰植物。石灰岩の割れ目に生えるきわめてまれな常緑の小さなシダ植物。長さ1cmあまりの根茎から葉を叢生する。葉は葉柄を含めて長さ2－6cm。細い柄の先にイチョウ形の葉身があり、前縁部は鋸歯状になっている。一・二・三ノ岳にあったが現状不明。

分布：北海道から九州までの石灰岩地

カテゴリー：絶滅危惧ⅠB類（福岡県）

1985.7.14　一ノ岳

クモノスシダ

Asplenium ruprechtii Kurata
チャセンシダ科

好石灰植物。県内の生育地は数箇所のみ、安山岩に生えている所もある。常緑性の小さなシダ植物で岩の割れ目に生え、葉身は単葉で胞子の付く葉は大きく狭披針形で長さは10cmを超え、先は次第に細くなってつる状に伸び、先端に不定芽を生じて増える。幼芽は小さな楕円形。

分布：北海道から九州まで、朝鮮半島・中国東北部・ロシア東部

1981.4.13　三ノ岳

ツルデンダ

Polystichum craspedosorum (Maxim.) Diels　オシダ科

好石灰植物。常緑性。二ノ岳に1箇所だけ生育地がある。県内では凝灰岩に生える所もある。葉身は単羽状複生で線状披針形、長さは12－20cmで岩に這ったような生え方をしている。羽片は普通20－30対あり卵状長楕円形で縁辺には浅い鋸歯がある。葉の先は細長く伸びて先端に無性芽を生じる。普通、群生する。

分布：北海道から九州まで、中国・朝鮮半島・ロシア東部

1993.8.20　二ノ岳

ビロードシダ

Pyrrosia linearifolia (Hook.) Ching　ウラボシ科

好石灰植物。常緑性の小さなシダ植物。群生することが多い。三ノ岳では石灰岩に貫入した火成岩に生えた所がある。葉身は線形で長さ5－8cm、幅は5mmくらい。全体に黄褐色の星状毛が密生していてビロードの感がある。

分布：北海道から九州（南部を除く）・沖縄、朝鮮半島・中国東北部

2014.7.25　二ノ岳

沿海性(南方要素)の植物

分布の中心が南方にあり、九州ではおもに沿海に生育している植物で、南方要素ともよばれる。
香春岳は内陸の地でありながら10種類ほどが生育しており(隔離分布)、好石灰植物に次ぐもう一つの特徴となっている。

モロコシソウ

Lysimachia sikokiana Miq.　サクラソウ科

林下にまれな多年草。本種はもともと沖縄県や台湾などの南方の地に生える植物であり県内での生育地は香春岳のみである。高さは20-50cm、葉は長卵形で長い柄がある。花期は7月で上部の葉脈ごとに1花を付ける。花柄は糸状で長さ2-6cm、花の径は約1cm、花冠は5裂して黄色、裂片は長楕円形で反り返る。果実は球形で径約6mm、ぶら下がって付き緑色から灰白色になる。

分布：本州(関東地方南部以西)-琉球、台湾

カテゴリー：絶滅危惧ⅠA類(福岡県)

2013.7.12　二ノ岳

ムサシアブミ

Arisaema ringens (Thunb.) Schott
サトイモ科

一般に海岸近くの常緑林に生える多年草であるが、香春岳では山麓部の社寺林などに広く生育している。葉は大きく2個あり、それぞれが3つの小葉に分かれている。頂小葉は花時に長さ20cm以上にもなる。花期は3月下旬－5月。仏炎苞は袋状に巻き込み縁は耳状に張り出している。暗紫色や緑色のものがありコブラの頭部を思わせる。大きな株では2個の葉の基部に小さな葉と花が付く。

分布：本州（関東以西）－琉球、朝鮮半島南
　　　部・中国
2014.4.7　二ノ岳

カカツガユ

Maclura cochinchinensis (Lour.) Corner var. gorontogea (Sieb. et Zucc.) Ohashi
クワ科

暖地の沿海の林縁に生える常緑樹。枝はつる状に伸び、他の樹木に寄り添って高さ15mにも達する。茎には長さ5cmくらいまでの鋭い刺がある。雌雄異株で須佐神社上方の鬼ヶ城趾にあり、雄株は三ノ丸付近に、雌株は天主台にある。雌木には10月下旬頃、径1.5－2cm、橙黄色の集合果が熟す。きわめてまれな植物である。

分布：本州（山口県）・四国（南部）・九州・
　　　琉球、台湾
2012.10.29　一ノ岳

バクチノキ（ビランジュ）

Prunus zippeliana Miq.　バラ科

一般的には沿海の常緑林に生える高木。県内では宗像大島の宗像神社の境内が有名。香春岳では一ノ岳に県指定天然記念物の木のほかに数本の高木があり、高座石寺にも香春町指定木など2本がある。バクチノキはサンゴジュのような大きな葉をもち、樹皮がはがれ落ちて橙色の肌になることからこの名がある。9月下旬、枝先に穂状の花序を付ける。花序は長さ2－3cm、白色の小さな花が密集してできており、ネコヤナギの花穂のような形をしている。果実は翌年の初夏に黒紫色に熟す。

分布：本州（関東地方以西）・四国・九州・琉球、済州島

2014.9.28　高座石寺

フウトウカズラ

Piper kadzura (Chois) Ohwi　コショウ科

普通、沿海の林内に生える常緑籐本で木や岩にのぼる。香春岳では山麓部の社寺林などに多い。枝は緑色、葉は狭い卵形で厚く光沢がある。雌雄異株で花期は4－5月、花穂は棒状で下に垂れる。液果は球形で11月以降に赤熟する。属名はPiper（ペッパー）であるが辛味はない。

分布：本州（関東南部以西）－琉球・小笠原、朝鮮半島南部

2013.12.3　菅原神社

クスドイゲ

Xylosma congestum (Lour.) Merr.
イイギリ科

普通、海岸近くの林内に生育する雌雄異株の常緑低木。香春岳では二ノ岳のイワシデ林などに散生しており、高さ5m、幹の直径17cmの亜高木もあった。若木の幹や葉腋には枝分かれした鋭い刺がある。成木では樹皮が粗くはがれるが、落ちずに付いている。花期は9月、黄白色の小さい花が付く。液果は球形で径約5mm、秋に黒く熟す。

分布：本州（近畿以西）・四国・九州
　　　・琉球、朝鮮半島南部・中国・
　　　東南アジア

亜高木の幹・幹の刺　2014.11.11
　　二ノ岳
葉　2014.7.23　高座石寺

沿海性（南方要素）の植物

ムクロジ

Sapindus mukorossi Caertn.
ムクロジ科

亜熱帯から暖帯にかけて分布している落葉高木。二ノ岳の東斜面の標高290－320m付近の岩棚に10数本まとまって見られる。葉は4－8対の小葉からなる羽状複葉で頂小葉を欠く。花期は6月、長さ20－30cmの花序に黄緑色の小さな花が付く。果実は径約2cm、基部に未発達の心皮が付く。種子は黒色でかたく、羽根付きの玉に使われ、また果皮はサポニンを含み石けんの代用になった。福智町の石灰岩地の2箇所にもあり好石灰植物の傾向が強い。

分布：本州（茨城県・新潟県以南）・四国・九州・琉球・小笠原・東アジア・東南アジア・南アジア

2009.8.23　二ノ岳

トベラ

Pittosporum tobira (Thunb. ex Murray) Aiton　トベラ科

海岸の岩場に普通の常緑低木。公園木としてもよく植えられている。石灰岩上では高さ2m、根元の径が20cmに達するものがある。花期は4－6月、花は今年枝の先に集散花序として付き、白色で花弁は5個、のちに黄色になる。果実は11月頃3つに裂開して赤橙色の種子がのぞく。

分布：本州（岩手県・新潟県以南）・四国・九州・琉球、朝鮮半島南部・台湾・中国

花　　1993.5.26
果実　1994.12.11　二ノ岳

フヨウ

Hibiscus mutabillis L.　アオイ科

中国中部原産と考えられるがフヨウ属植物の多くは熱帯・亜熱帯に分布している。フヨウは昔から栽培されてきた。鹿児島県の甑島などでは海岸に自生している。香春岳では東麓の太平洋セメントの火薬庫付近や二ノ岳に野生状態で生えている。花期は7-9月、直径12cmあまりの花を付け、朝咲いて夕方にはしぼむ。学名（属名）はハイビスカスである。

分布：日本各地で栽培されている

1985.8.28　一ノ岳山麓

ムクゲ

Hibiscus syriacus L.
アオイ科

フヨウと同様に古くから栽培されてきた。ムクゲが山に野生化しているのは極めて珍しいことである。一ノ岳の、現在は鉱区のため入れないが、南斜面の標高200-250mで発見したのが最初であった。その後、鬼ヶ城趾上方でも見たことがある。花は7-9月に咲き、香春岳のものは外側が淡紅紫色、中心部が濃赤色の底紅タイプである。

分布：中国に自生し広く世界で栽培されている

1985.7.14　一ノ岳

四季おりおりの花

イワシデ群落の構成種、好石灰植物、沿海性の植物を除いて紹介している

チョウジガマズミ

春

3・4・5月頃
芽立ちと開花、自然の最も躍動する季節

ヤマザクラ

Prunus jamasakura Sieb. ex Koidz.
バラ科

ヤマザクラは一ノ岳にはほとんどなく、二ノ岳にはあるが大きな木がない。三ノ岳では長光谷に大きな木が5・6本ある。
この地方の野生の桜は福智山地のエドヒガンを除いてはすべてヤマザクラである。ヤマザクラは花の時期と葉の展開の時期が同時であり、新葉は赤みを帯びている。ソメイヨシノと異なり有性生殖でサクランボがなり、小鳥により種子散布が行われる。寿命の長い桜である。香春町では愛宕山山系に多い。

分布：本州（宮城県・新潟県以西）・四国・九州

2014.4.1 二ノ岳、背後は三ノ岳

カンサイタンポポ

Taraxacum japonicum Koidz.　キク科
田川地域では珍しいタンポポで神宮院や高座石寺の境内にある。比較的小さな黄色のタンポポで花期は3月中旬−4月上旬。葉は羽状に深く裂けていることが多く、頭花の径は3−(4)cm。高さは普通15−17cm。総苞片の内片の長さは13−14mm、外片は短かく4mmくらいで、いずれもセイヨウタンポポのように反り返ることはない、ニホンタンポポである。

分布：本州（長野県以西・分布の中心は関西）・四国・九州・琉球

2014.3.28　神宮院

センボンヤリ

Leibnitzia anandria (L.) Thrcz.　キク科
日当りのよい礫地や草地に生える多年草。頭花には春型と秋型の全く異なる2つの型があり両者は別の種類のようである。写真は春型で高さ5−10cm、タンポポの頭花に似た形をしていて、外側に舌状花、内側に筒状花がある。秋型は高さ30−50cmと高く伸び、すべて筒状花からなる。

分布：北海道−九州、南千島・シベリア・中国

1998.4.17　二ノ岳

サツマイナモリ

Ophiorrhiza japonica Blume　アカネ科

湿気の多い斜面や岩陰に群生する多年草。茎は細く下部は地を這い分枝して斜上する。花期は3－4月、花は枝先に数個から、20個、1方向に偏って付く。花冠は白色漏斗状で先は5裂し、長さ約1.5cm、花はしおれると茶色に変色する。

分布：本州（関東南部以西）－琉球

2014.4.1　二ノ岳

ヤマネコノメソウ

Chrysosplenium japonicum (Maxim.) Makino　ユキノシタ科

ネコノメソウ属としては最も普通の種類。香春岳にあるのは本種のみ。湿った木陰に生える。高さは10cmあまりで群生することが多い。根出葉・茎葉ともに円形で縁に浅い切れ込みがある。花期は3－4月、さく果が二つに裂けて間に種子がのぞいた様子が昼間の猫の目に似ていることからこの名がある。

分布：北海道西南部－九州、朝鮮半島・中国（東北）

2014.4.1　三ノ岳

マムシグサ

Arisaema serratum (Thunb.) Schott
サトイモ科

林下、林縁に生える多年草。小さいものから高さ1mを超える大きな株まである。偽茎の鞘状葉がマムシの肌を連想させるのでこの名がある。花と見られる仏炎苞には緑色・帯紫色・黒紫色などの変異があり、普通、白い縦筋が入っている。テンナンショウ属は普通、大株は雌、小さい株は雄で、栄養状態で雌雄が決まるといわれている。
分布：北海道－九州、朝鮮半島・中国（東北）・千島
1991.4.28　二ノ岳

フデリンドウ

Gentiana zollingeri Fawcett　リンドウ科

日当りのよい林下、草原に生える越年草。香春岳ではネザサの中に多数生育している。高さは5－10cm、茎葉は広卵形でやや厚く、裏面は赤紫色を帯びることが多い。花期は4－5月。日を受けて開花するので雨天や曇天の時はその存在すら見落してしまうことが多い。
分布：北海道－九州、朝鮮半島・中国・樺太
2013.4.18　二ノ岳

シュンラン

Cymbidium qoeringii (Reichb.) Reichb. fil.
ラン科

明るいイワシデ林内によく見られる。花期は3-4月で淡黄緑色の花を1個頂生する。3個の萼片は倒披針形でやや肉質、2個の側花弁は萼片とほぼ同形で唇弁を被う形になる。唇弁の先端部は外側に反り返る。唇弁は白色であるがそれに濃赤紫色の斑点が入るので昔から本種をホクロと呼んできた。

分布：北海道（奥尻島）－九州、中国

2014.4.17　二ノ岳

ツクシタンポポ

Taraxacum kiushianum H. Koidz.　キク科

三ノ岳の2箇所に生えるが、樹木の生育により陰になり個体数は減少している。花期は4-5月、頭花の大きさは径9-12㎜、総苞外片は内片に圧着しており、その長さは内片の1/2からそれより長い。それぞれの片の上端部には小形の小角突起が付く。また花茎では頭花に近い所に白い綿毛がある。

分布：愛媛・福岡・熊本・大分・宮崎の各県

カテゴリー：絶滅危惧Ⅱ類（環境省）、絶滅危惧ⅠB類（福岡県）

2014.4.17　三ノ岳

キジムシロ

Potentilla fragarioides L. var. major Maxim. バラ科

山地草原にやや普通の多年草でミツバツチグリやツチグリなどに似ている。太い根茎があり葉を根生する。生育条件がよければ沢山の茎を放射状に広げ、その外周に花が並ぶ。この形をキジの座る「むしろ」になぞらえこの名がある。花期は4-5月。

分布：北海道-九州、朝鮮半島

2011.4.18　二ノ岳

ヒメハギ

Polygala japonica Houtt. ヒメハギ科

二ノ岳草原の道などに散在している。茎は細くてかたく長さ10-20cm。葉は長さ1-2cmの楕円形で互生。花期は4-5月。花は茎の上方に付き紫色で5個の萼片があり2個の側萼片が花弁状になっている。花弁は3個でその中の下側の1個は先端に房状の付属体をもち、花時によく目立つ。

分布：北海道-琉球、朝鮮半島・中国など

2013.4.18　二ノ岳

ヒトリシズカ

Chloranthus japonicus Sieb.
センリョウ科

林下・林縁、時に草地にも生える。茎は高さ10−20cm、葉は茎の先端部の2節に付くが接近しているので輪生しているように見える。早春、たたんだ葉の中に花を包んで立ちあがる。花には花弁も萼もなく白い糸はおしべで、3本に分かれていて両側の2本の基部に葯がある。

分布：北海道−九州、朝鮮半島・中国・南千島・サハリン

2014.4.17　三ノ岳

ニオイタチツボスミレ

Viola obtusa (Makino) Makino　スミレ科

二ノ岳草原の道など日当りのよい乾いた所に生え全体に細かな毛がある。根出葉は円心形、茎は花期にはなく、花のあとで伸びてくる。花期は4−5月、花は花弁が重なり合うほどに円く、濃紅紫色で花心は白く、紫色の条がはっきりしている。花には芳香がある。

分布：北海道西南部−九州

2013.4.18　二ノ岳

ナガバタチツボスミレ
Viola ovato-oblonga (Miq.) Makino
スミレ科
林下に普通のスミレで時に群生している。花の咲き始めの頃は茎はなく円心形の根出葉のみであるが茎が伸びてくると茎葉は長く披針形に変わり区別が容易になる。花は4－5月に根生ならびに茎上に付き淡紫色。花弁は長さ12－15㎜、距は長さ7－8㎜。
分布：本州（中部地方以西）－九州、朝鮮半島南部
1991.4.21　二ノ岳

マルバコンロンソウ
Cardamine tanakae Franch. et Savat.
アブラナ科
湿気の多い木陰に生える越年草。茎は高さ5－15㎝。葉は羽状複葉で1－7個の小葉からなり頂小葉が最も大きく長さ1－2㎝。小葉の鋸歯の先はまるい。花期は4－5月、花は茎の先に総状花序に付き花弁は白色。
分布：本州－九州
2014.4.17　三ノ岳

キランソウ

Ajuga decumbens Thunb.
シソ科

林下・登山道沿いに多い多年草。へら形のロゼット葉があり、そこから茎が四方に出て這う。花期は3－5月、花は葉腋に付き紫色。光線の弱い所では淡紫色。下唇は大きくて3裂し、その中央の裂片はさらに浅く2裂している。

分布：本州－九州、朝鮮半島・中国

2014. 4. 17　三ノ岳の造林地

ヤマフジ

Wisteria brachybotrys Sieb. et Zucc.　**マメ科**

つる性の落葉木本。林内にあっては高木にのぼっているが、草原の岩間にあるものはつるは伸びず盆栽風に育つ。花期は4－5月、花序は長さ10－20cmで長くならない。山にはフジもあるがごくわずかである。ヤマフジとフジとではつるの巻き方が異なり、ヤマフジは左巻き、フジは右巻である。

分布：本州（近畿以西）・四国・九州

2014. 4. 17　二ノ岳

ウリハダカエデ

Acer rufinerve Sieb. et Zucc.
カエデ科

林内・林縁部に生える落葉高木。樹皮は普通、緑色で黒い筋が入る。葉は5角形で大きく長さ幅共に5－15cm。花期は5月、雌雄異株で花は総状花序に付き垂れさがる。写真は雄花序で、基部に大きな赤い鱗片葉を付けている。秋に真赤に紅葉する。香春岳にごく普通で個体数の多いカエデである。

分布：本州－屋久島、日本固有種

2013. 4. 18　二ノ岳

ナワシログミ

Elaeagnus pungens Thunb.　グミ科
常緑低木。小枝を密に出して茂る。枝の先には刺があり葉腋にも小刺がある。葉は長楕円形、厚く表面には光沢がある。裏面は汚白色の小さな鱗片に被われており、さらに褐色の鱗片が散生する。花は10-11月に咲く。萼裂片は4個でそれに続く萼筒は長さ6-7㎜、基部は子房に連なる。果実は翌年の5月に赤熟し長さ10-15㎜、食べられる。
分布：本州（伊豆半島以西）・四国・九州、中国
2013.4.18　二ノ岳草原

タイリンアオイ

Heterotropa asaroides Morr. et Decne.
ウマノスズクサ科
カンアオイ属で香春岳にあるのは本種のみで、これも個体数が非常に少ない。葉には白斑に似た雲紋がある。花期は4月中旬から5月上旬、花の萼筒の径は約3㎝、暗紫色で落葉に埋れたような形で咲くことが多い。
分布：本州（島根県南部・山口県）・九州（福岡県・佐賀県・熊本県）
1991.4.28　三ノ岳

ヒメレンゲ
Sedum subtile Miq.
ベンケイソウ科
普通、沢沿いの岩などに生える多年草。香春岳では岩のくぼみのような水気の多い所に小さな塊となって生えている。花期は4－5月、花茎は直立し高さ5－10cm。茎葉は下部でさじ形、中・上部で広線形－狭倒披針形、花序は頂生して集散状、花は5数性で黄色、花弁は平開する。若い葯は赤色。
分布：本州（関東以西）－九州
1994.4.24　二ノ岳

ミヤマウグイスカグラ
Lonicera gracilipes Miq. var. glandulosa Maxim.　スイカズラ科
高さ1－2mの落葉低木。香春岳にはあまり多くはない。6－7月頃楕円形の液果が赤く熟して垂れ、ほんのり甘く食べられるもので、ウグイスと呼び馴染み深い植物である。この地方にあるものは若枝・葉柄・子房など各所に腺毛が沢山ありミヤマウグイスカグラである。母種のヤマウグイスカグラには腺毛が少ない。
分布：本州（東北・北陸・山陰）・四国・九州
2014.4.17　二ノ岳

コツクバネウツギ

Abelia serrata Sieb. et Zucc.　スイカズラ科

稜線の日当りのよい乾燥した場所を好む高さ1mあまりの落葉低木。香春岳ではイワツクバネウツギほど多くない。花期は5月、花は若い枝先に2－6個集まって付き、花冠は長さ10-20mmで黄白色、喉部に橙色の網目模様がある。花冠の裂片は5個、衝羽根にあたる萼片は2個である。

分布：本州（静岡県中部・長野県南部・福井県以西）・四国・九州

2014.5.6　二ノ岳

オキナグサ

Pulsatilla cernua (Thunb.) Sprenger　キンポウゲ科

日当りのよい野原に生える多年草。根出葉や花茎に長い白毛を密生している。花期は4－5月、花は1個頂生し鐘形で下向きに咲く。萼片は6個、外面は白毛に被われ内面は暗赤紫色、きれいな花である。香春岳には1995年頃まで二ノ岳と三ノ岳に生育していたが、おそらく周囲にチガヤその他の植物が繁茂したことで絶滅した。本種は色々な植物が周囲に生えることを嫌う性質が強い。白毛のある果実の集まりを老人の頭に見立てて翁草と呼ぶ。

分布：本州－九州、朝鮮半島・中国
カテゴリー：絶滅危惧Ⅱ類（環境省）、絶滅危惧ⅠB類（福岡県）

1995.5.3　二ノ岳

ホウチャクソウ

Disporum sessile Don　ユリ科

林縁部に生え、高さは20−35cm、茎は上部で多少分枝し、その枝先に1−3個の花を下垂することが多い。花期は4月下旬−5月上旬。花は6個の花披片が筒状に集まったもので、長さは25−30mmと比較的大きいが、ほとんど開かない。白色であるが先端部は緑色。花の形が寺院の軒下につるしてある宝鐸に似ているところから宝鐸草。

分布：北海道−九州、朝鮮半島・中国・樺太
2014.5.6　二ノ岳

タカサゴソウ

lxeris chinensis (Thunb.) Nakai subsp. strigosa (Lével. et Vant.) Kitam.　キク科

二ノ岳草原の入口付近にわずか生育している。ここでは毎年草刈りが行われているものの、近年は高性の外来種であるイヌムギやカモガヤなどが繁茂して生存が脅かされている。根出葉は披針形で長さ10−20cm、茎は高さ20−40cm、花期は5月上旬、頭花の径は約2cmでうす紫を帯びた白色。

分布：本州−九州、朝鮮半島

カテゴリー：絶滅危惧Ⅱ類（環境省）、絶滅危惧Ⅱ類（福岡県）

2014.5.6　二ノ岳

キンラン

Cephalanthera falcata (Thunb.) Blume
ラン科

疎林内にごくまれな地生蘭。1本だけのこともあり、数本が散存する所もある。茎は高さ20-40cmで稜があり、葉は数個が互生し基部は茎を抱く。花期は5-6月、黄色の花を2-5個付ける。多くの場合、花は閉じていてめったに開いたものに出合わない。
分布：本州-九州、朝鮮半島・中国
カテゴリー：絶滅危惧Ⅱ類（環境省）、絶滅危惧Ⅱ類（福岡県）
2000.5.2　三ノ岳

ギンラン

Cephalanthera erecta (Thunb.) Blume
ラン科

疎林下に生える高さ10-25cmのやや小形の地生蘭。茎は直立して数枚の葉を付け基部は茎を抱く。5月頃白色の数花を付ける。花はほとんど半開き状態で開出しない。近縁のキンランも香春岳ではごくまれであるが、本種はさらにまれで、1994年に二ノ岳で見て以来確認ができていない。
分布：本州-九州、朝鮮半島
カテゴリー：絶滅危惧Ⅱ類（福岡県）
1994.5.14　二ノ岳

エビネ

Calanthe discolor Lindl.　ラン科
林内にまれな地生蘭。1970年代後半のエビネブームの頃に乱獲され激減したが、近年多少回復している。かつてはキエビネもあったといわれるが今は未確認である。花には色の変化が多いが、花被片が暗褐色で唇弁の白色のものが最も多い。偽球茎の連なった様子をエビに見立てて海老根。
分布：北海道西南部－琉球、済州島
カテゴリー：準絶滅危惧（環境省）、絶滅危惧Ⅱ類（福岡県）
2014.5.6　二ノ岳

ツチグリ

Potentilla discolor Bunge　バラ科

陽向の乾いた草地に生える多年草。根茎は太くふくらんだ部分がある。香春岳では二ノ岳草原に多く見られる。根生葉は3－7個の羽状複葉で葉柄と葉の裏面は白い綿毛に被われている。花茎は斜上し長さ20－30㎝、先の方で枝分れして数個の黄色の花を付ける。花期は4－5月。

分布：本州（愛知県以西）－九州、朝鮮半島・中国（北部）

カテゴリー：絶滅危惧ⅠB類（環境省）、絶滅危惧Ⅱ類（福岡県）

2014.5.6　二ノ岳

ミツバツチグリ

Potentilla freyniana Bornm.　バラ科

陽向の山地草原に生える多年草で、かたく肥厚した根茎をもつ。葉は3個の小葉からなり、縁には鋸歯がある。花茎は高さ15－25㎝、10数個の花を付ける。花は4－5月に咲き黄色。花が終ると葉は大きくなり、匍匐枝を伸ばす。

分布：本州－九州、朝鮮半島・中国（東北部）・ウスリー

2014.5.6　二ノ岳草原

タニギキョウ

Peracarpa carnosa (Wall.) Hook. fil. et Thomson var. circaeoides (Fr. Schm.) Makino　キキョウ科

湿気のある木陰に生える小さな多年草。茎は下部で這い上部で立ち高さ10-15cm、葉は互生し卵円形で縁に波形の鋸歯があり、表面には短毛がある。花は4-5月に茎の上部に1個付き細長い長さ20-30mmの柄がある。花冠は白色で5深裂し裂片の中央部に赤褐色の筋がある。

分布：北海道-九州、済州島・中国・樺太など
2014.5.6　二ノ岳深窪ドリーネ

サワハコベ

Stellaria diversiflora Maxim.　ナデシコ科
やや湿気のある木陰に生える多年草。茎の基部は地を這い長さ10-15cm、葉は基部に小さく先の方で大きい。葉は濃緑色で三角形、表面にあらい毛がある。花期は5月上旬、花には長さ約25mmの柄がある。花弁は白色で先は2つに分かれ、萼片とほぼ同長。
分布：本州・四国・九州
2012.5.14　二ノ岳と三ノ岳の鞍部

ムベ（トキワアケビ）

Stauntonia hexaphylla (Thunb.) Decaisn
アケビ科

常緑のつる性木本。木にのぼり、香春岳には非常に多い。葉は掌状複葉で小葉は3-7枚、5月頃、総状花序に3-7花を付ける。花には花弁はなく萼片の6枚が発達している。雌雄同株で雄花は雌花より小さいが沢山付く。晩秋に液果は赤紫色に熟すがアケビ属のように裂開することはない。

分布：本州（関東地方以西）-琉球、朝鮮
　　　南部・中国
花　2015.5.2　二ノ岳
果実　2001.10.13　三ノ岳

ギンリョウソウ

Monotropastrum humile (D. Don) Hara
イチヤクソウ科

林内の腐植土に生える全体白色の腐生植物で4-5月頃によく現れる。二ノ岳山頂付近のウラジロガシ林内に大発生したことがあるが、年により出来不出来がある。茎は高さ10cm程度、花は茎の先に1個下向きに付く。全体の形から銀竜草とかユウレイタケともいう。

分布：北海道-琉球、樺太・朝鮮半島・中国など

1991.5.4　二ノ岳

ホタルカズラ

Lithospermum zollingeri DC.　ムラサキ科

日当りのよい乾いた場所に生える多年草。香春岳ではネザサその他の草本類の繁茂により生育環境が悪化し激減している。細い茎が地を這い、全体にあらい毛がある。花期は4-5月、花は茎の上部に付き、径15-18mm、花は赤紫色から日が経つにつれて青紫色に変化していく。花の中央部に5本の白い隆起のあるのがこの科の植物の特徴である。

分布：北海道-琉球、朝鮮半島・中国

2011.5.9　三ノ岳

イワガラミ

Schizophragma hydrangeoides Sieb. et Zucc. ユキノシタ科
落葉性の籐本。三ノ岳山頂の巨石群の岩などに這っている。花期は5－6月、花序は径10－20cm、外周にある装飾花の萼片は1個で卵形または広卵形で目立つ。写真の装飾花はまだ若い。中央部にある普通花は小さく花弁は白色で5個、よく似たツルアジサイの装飾花の萼片は4個からなる。
分布：北海道－九州
2014.5.6　三ノ岳

ゴマギ

Viburnum sieboldii Miq.
スイカズラ科
やや湿気のある土地を好む落葉中高木。樹皮は灰色でなめらか。葉は楕円形から倒卵形で長さ10－15cmで大きい。側脈はまっすぐに伸び裏側に突出している。花期は5月上旬、小さな白い花が多数散房状に集まって付く。果実は楕円形、はじめ赤色、のちに黒くなる。茎や葉は傷つけるとゴマのにおいがする。香春岳には少ない。
分布：本州（関東地方以　　　　西の太平洋側）・　　　　四国・九州
2014.5.6　二ノ岳

カマツカ
（ウシコロシ）

Pourthiaea villosa (Thunb.) Decne var. laevis (Thunb.) Stapf.
バラ科

若い二次林に普通の落葉低木。名は鎌柄で材がかたく弾力があるので鎌の柄や牛の鼻輪に使用してきた。花期は5月、枝先に10-20花を散房状に付ける。花は白色で径約10mm。果実は秋に赤熟し長さ約10mmで頂端に萼片と花弁の一部を付けている。口にするとリンゴの香りがする。香春岳のものには若い茎や葉の裏などに綿毛があり正しくはケカマツカである。

分布：北海道－九州、朝鮮半島・中国

花　2014.5.6　二ノ岳
果実　1993.10.16　二ノ岳

フタリシズカ

Chloranthus serratus (Thunb.) Roem. et Schult.
センリョウ科

林下や二ノ岳草原の道沿いなどに生える多年草。近年減少した。茎は高さ30-40cm、のちに60cmにもなる。葉は茎の上部に4枚輪生しているように見えるが2枚ずつ2段になっている。頂生する花序は2個とは限らず1個のことや3個のこともある。花弁はなく3個の白色のおしべがまるまって子房を抱いた形になっている。大きな茎では夏に茎の中間部の節から閉鎖花を伴った花序がつくられる。

分布：北海道－九州
2011.5.14　二ノ岳

カノコソウ
（ハルオミナエシ）

Valeriana fauriei Briq.
オミナエシ科

三ノ岳の防火帯の中間から上部に群落ができる。細長い地下茎があり、茎は高さ40-100cm。葉は対生し下部の葉には長柄があり、羽状に全裂し、上部の葉の柄は短い。花期は5月で淡紅色の美しい小花を集めた集散花序をなす。花冠は5裂、日陰では花は白くなる。

分布：北海道－九州、朝鮮半島・中国・樺太
2012.5.14　三ノ岳

コメガヤ

Melica nutans L.　イネ科

小形の多年草で二ノ岳の馬ノ背下部にあるイワシデ林の日当りのよい所に育つ。葉は線形で長さ約15cm、茎はやや弓なりに斜上して長さ20-40cm、花期は6-7月、花序は総状で10-15個の一見米粒に似た小穂からなる。小穂は垂れ下がって付き、長さ約7㎜、赤紫色を帯びていることが多い。

分布：北海道－九州、ユーラシア
2015.5.2　二ノ岳

ヤマイバラ

Rosa sambucina Koidz.
バラ科

イワシデ林の林縁部などに生える。時に高さ数mも木にのぼる大形のつるバラである。枝には鉤形の丈夫な刺がある。葉は5－7個の小葉からなる。小葉は大きく長さ7－12cm、幅3－4cm。表面には光沢がある。花期は5－6月、花は大きく白色で径3－5cm、散房状の花序に付く。果実はやや扁球形で径約10mm、秋に赤くなる。

分布：本州（愛知県以西・近畿・中国地方）・四国・九州
2015. 5. 28　二ノ岳

ニガキ

Picrasma quassioides (D. Don) Benn
ニガキ科

高さ4－8mの落葉樹、自然林に広く分布している。樹皮ははがれず滑らかである。葉は奇数羽状複葉で長さ20－25cm、小葉は7－13枚、卵状長楕円形で縁には鋭い鋸歯がある。花期は5月、雌雄異株で葉腋に集散花序として多数の小さい花が付く。雄花には4－5本の長いおしべがあり、雌花には退化したおしべと花盤の上に1個のめしべがある。写真は雄花を示している。ニガキの名前は樹皮や葉に苦味成分があり薬用とされるため。

分布：北海道－九州、朝鮮半島・中国・ヒマラヤ
2001. 5. 15　二ノ岳

春　81

アマドコロ

Polygonatum odoratum (Mill.) Druce var. pluriflorum (Miq.) Ohwi　ユリ科
日当りのよい乾いた所を好む。茎の高さは40-80cm、茎は途中で曲がる。ナルコユリに似ているが、葉は長楕円形で、茎は葉の付く部分でジグザグに曲がり、また稜角があるのが特徴。花期は5月中旬、花は葉腋に1-2-(3)個下垂し白色で先端部のみ緑色、液果は黒紫色に熟す。
分布：北海道-九州、朝鮮半島・中国
2014.5.16　三ノ岳

ヤマハタザオ

Arabis hirsuta (L.) Scopoli　アブラナ科
三ノ岳の防火帯などに生える越年草。茎は細く直立して高さ30-50cm、へら形の根出葉がある。茎葉には柄がなく基部で茎を抱く。花期は5月、白色の花を付ける。花弁は楕円状へら形、果実は長線形で直立し長さ2-5cmで狭い翼がある。小さな植物で数も少ないので発見が難しい。
分布：北海道-九州、北半球に広く分布
2001.5.15　三ノ岳

タツナミソウ

Scutellaria indica L.　シソ科
山地の道端に生える多年草、茎は高さ15－30cmで白色の開出毛がある。葉は数対あって広卵形から三角状卵形で先はまるい。花期は5月、花序は頂生して花は青紫色で下唇に紫点がある。二ノ岳草原の道には白花も出る。
分布：本州－九州、朝鮮半島・中国・インドシナ
2014. 5.16　三ノ岳
2015. 5. 2　二ノ岳（白花）

ナルコユリ

Polygonatum falcatum A. Gray　ユリ科
日当りのよい林下に生える多年草で高さ50－100cm、茎は途中で少し曲がる。アマドコロに似るが茎は円形、葉は披針形で先はとがる。花期は5月中・下旬。花は葉腋に3－5個下垂し、白色で先端部は緑色。アマドコロよりもやや細長い。
分布：本州－九州、朝鮮半島・中国
2014. 5.22　三ノ岳

クロミノサワフタギ

Symplocos tanakana Nakai　ハイノキ科

高さが3mに達する落葉低木。最近、二ノ岳草原の西側や常緑林の林縁などに生育しているのが確認された。葉は長楕円形で細かい鋸歯があり裏面には軟毛がある。花期は5月、円錐花序で花は白色、径約8㎜、おしべが目立つ。果実は球形で秋に黒く熟す。

分布：本州（中国地方）・四国・九州、朝鮮半島

2013.5.19　二ノ岳

ガマズミ

Viburnum dilatatum Thunb.　スイカズラ科

林縁部などに普通の落葉低木で高さは2mに達する。葉は大きく卵形から円形で長さ5-10㎝、花期は5-6月、花序は散房状で枝先に付き径5-10㎝の平頂、花は白色でおしべが突き出しており、においがある。果実は10-11月に赤く熟し光沢があり食べられる。

分布：北海道（南西部）・本州・四国・九州

花　2015.5.28　二ノ岳
果実　2009.11.23　二ノ岳

フナバラソウ

Cynanchum atratum Bunge
ガガイモ科

山の草地にまれな多年草。全体に軟毛が密生している。茎は直立して30-50cm、花期は5-6月、花序は上部の葉腋に群がって付く。花冠は濃紫褐色で外面に短毛がある。花冠の裂片は開花後に反り返る。花のあと、時に広披針形で長さ7-8cmの袋果ができる。これは冬を前にして割れて中から長い毛を付けた種子を飛散させる。割れた袋果の形が舟に似ているので舟腹草。

分布：北海道-九州、朝鮮半島・中国
カテゴリー：絶滅危惧Ⅱ類（環境省）、絶滅
　　　　　危惧Ⅱ類（福岡県）
2015.5.21　二ノ岳

ツクシタツナミソウ

Scutellaria laete-violacea Koidz. var. discolor (Hara) Hara
シソ科

三ノ岳の防火帯やヒノキ林の道など多少湿気のある木陰を好む。高さは15-25cm、茎には上向きの曲がった毛がある。葉は三角状長卵形で先はややとがる。表面の主脈を中心に白い斑がしばしば入り、裏面はうす紫色を帯びる。花期は5月で花穂は長さ2-6cm、花は一方向に並んで付き、花冠は基部でほぼ直角に曲がって立ち約2cm。時に白花もある。

分布：本州西部・九州
2001.5.24　三ノ岳

イボタノキ

Ligustrum obtusifolium Sieb. et Zucc.
モクセイ科
日当りのよい林縁や草原の縁などに生える落葉低木で高さ1－2m、よく分枝して茂る。葉はうすく長楕円形で長さ2－3cm、光沢がない。5－6月頃、花は枝先の長さ2－4cmの総状花序に付く。花冠は白色で長さ7－9mm。果実は広楕円形で長さ6－7mm、黒紫色に熟す。
分布：北海道－九州、朝鮮半島
2014. 5. 29　二ノ岳草原

ジャケツイバラ

Caesalpinia decapetala (Roth) Alst. var. japonica (Sieb. et Zucc.) Ohashi　マメ科
露岩地やイワシデ林の林縁部などに生育し岩や樹木を支にして伸びる。葉は羽状複葉、枝や葉にするどい逆刺があって、これにひっかかると全く前に進めなくなるやっかいな、そして危険な植物である。しかし、花はきれいで、5月頃、長さ20－40cmの花序が直立し多数の黄色の花を付ける。果実は長さ7－10cm、秋に上側が開いて楕円形黒褐色の種子を落す。果実の殻は翌年まで残る。
分布：本州（宮城県・山形県以南）・四国・九州・琉球、朝鮮半島・中国
2012. 5. 26　二ノ岳

ウラジロイチゴ（エビガライチゴ）

Rubus phoenicolasius Maxim.　バラ科
茎は斜上して伸長し時に3mにもなる。林縁部の日当りのよい所に生える。葉を除くすべての部分に紅色の長い腺刺毛を密生する。葉は3小葉、裏面は綿毛におおわれ雪白色。花序は枝の先に円錐形に付く。萼の背面に紅色の腺毛がある。萼片は花時と果実が熟した時以外は閉じている。果実は紅熟する。
分布：北海道－九州、朝鮮半島・中国
2015. 5. 28　二ノ岳

ミヤコイバラ

Rosa paniculigera Makino　バラ科

比較的分布の限られた野バラで香春岳では二ノ岳草原から馬の背下部に見られる。ノイバラに似ているが、ノイバラの頂小葉が側小葉より大きいのに対し、本種はすべての小葉がほぼ同大であるのが特徴。枝には大小の鉤形の刺のほかに腺があり、托葉の鋸歯の先も腺になっている。花は5－6月ノイバラよりやや遅く咲き、白色で径約18㎜。
分布：本州（愛知県・新潟県以西）・四国北部・九州北部
2014.5.29　二ノ岳

エゴノキ

Styrax japonica Sieb. et Zucc.
エゴノキ科
落葉高木。幹は淡黒色ですべすべしている。花期は5－6月、花は長さ2－3㎝の小花柄に下垂して咲き、花冠は白色で径約2㎝、5片に分かれている。落花で地面が白くなることがある。果実は長さ約1㎝の卵円形で、種子はサポニンを含み有毒。
分布：北海道－琉球、朝鮮半島・中国
2013.5.30　二ノ岳

夏

6・7・8月頃
山の植物は8月から秋、
秋の七草のうち、カワラナデシコ、マルバハギ、ススキ、オミナエシ、クズなどが咲く。

ノヒメユリ

Lilium callosum Sieb. et Zucc.　ユリ科
かつては二ノ岳草原の西の肩に多数生育していたが、ネザサの繁茂により激減した。ほかでは二ノ岳草原の道や三ノ岳にごく少数あるのみ。茎は高さ40-100cm、細くて丈夫。花期は8月上・中旬。花は茎の先に1-9個付き橙赤色、花被片は長さ3-4cm、開花1日目は平開に近いが、その後反り返る。

分布：四国・九州・琉球、朝鮮半島・中国・アムール

カテゴリー：絶滅危惧ⅠB類（環境省）、絶滅危惧ⅠB類（福岡県）

2010.8.8　三ノ岳

タカネマンネングサ

Sedum tricarpum Makino　ベンケイソウ科

二ノ岳の馬の背稜線や三ノ岳の山頂部の岩上に生える。葉は扁平なさじ形でロゼット葉は長さ2－2.5cm、花茎は濃い赤褐色で高さ10cmあまり、上部で枝分かれして多数の花を付ける。往々にして群生し、花期には黄色の塊になる。花期は6月上・中旬、若い萼は橙赤色。

分布：本州（近畿以西）－九州

2001.6.1　二ノ岳

オノマンネングサ

Sedum lineare Thunb.
ベンケイソウ科

五徳の夜泣岩や神宮院付近の石灰岩上に生える多年草。茎の長さは10－20cm、基部は匍匐し上部は斜上する。葉は3輪生で柄はなく扁平で線形ないし線状披針形で淡黄緑色。花期は5－6月、花弁は5個で黄色。花付きのよい年とそうでない年がある。日本では結実しないといわれている。

分布：本州－九州、中国

花　2015.5.28

夜泣岩　2014.6.8

夏

ハンカイソウ

Ligularia japonica (Thunb.) Less.　キク科
湿気の多い林下に生え、茎の高さが1mにもなる大形の多年草。葉は大きく、根出葉には長い柄があり、葉身は掌状に分かれていて長さ幅とも30cmにもなる。茎葉は3個で柄は広い鞘となって茎に付く。花期は6月、頭花は2-8付き、大きく径約8cm、黄色の舌状花は10個あまり、神宮院の一角にある。古く中国から入ってきた植物といわれている。
分布：本州（静岡県以西）-九州、朝鮮半島・中国
2001.6.11　神宮院

ソクシンラン

Aletris spicata (Thunb.) Franch.　ユリ科
二ノ岳草原の道の斜面など日当りのよい所に生える多年草。線形の根出葉が多数ある。花期は4-6月で花茎の高さは30-50cm。小さな白色の花が穂状花序に付く。名は沢山の葉の束の中から花茎が立ち、葉がランに似ていることによる。
分布：本州（関東以西）-琉球、朝鮮半島・中国
2014.6.8　二ノ岳

ヒメヨツバムグラ

Galium gracilens (A. Gray) Makino
アカネ科
普通、丘陵地にはえる多年草。写真はイワシデ林内のもので茎は長さ約20cm。葉は狭披針形で輪生する4枚の葉はほぼ同形、先はとがっている。花期は5-6月、枝先や葉腋から細い花序を出す。
分布：本州-九州、朝鮮・中国
2014.6.24　二ノ岳

ミヤマトベラ
Euchresta japonica Hook. fil. ex Regel
マメ科
高さ30−40cmの常緑の半低木。葉は3小葉からなり、小葉は長さ3−4cmの楕円形、全縁で厚く光沢がある。花は総状花序に付き、6月に咲いて白色。豆果は楕円形で長さ12−15mm、黒紫色に熟し光沢がある。和名は小葉がトベラの葉に似ていることからついた。一ノ岳にあったが石灰石の採掘により絶滅した。
分布：本州(関東以西の太平洋側・兵庫県・山口県)・四国・九州、済州島・中国
カテゴリー：絶滅危惧ⅠA類（福岡県）
2014.6.16　植栽

クララ
Sophora flavescens Ait.
マメ科
日当りのよい草地に生える多年草。茎は木質で高さ80−120cm、葉は多数の小葉に分かれている。花期は6月、花は淡黄色で大きな線状花序に付く。豆果は線形で長さ7−8cm、4−5個の種子が入っている。和名は眩草（くららぐさ）で根をかむと目がくらむほど苦いことによる。漢方薬として使われるが牧草地では牛馬も食べない。
分布：本州−九州、朝鮮半島・中国
2014.6.13　三ノ岳防火帯

ハナウド

Heracleum nipponicum Kitag.
セリ科

林縁部に生える大形の越年草または多年草で高さは2mに達する。大きな根出葉があり、葉は3出葉か単羽状複葉で小葉は2-3対、幅が広い。花期は5-6月、花序は径10-20cmと大きく小さな白い花が平に密に並ぶ。花序の周辺花では外側の1花弁が大きく左右相称花となる。花には多くの昆虫が集まる。

分布：本州（関東以西）・四国・九州
2014.6.13　三ノ岳

ウツギ（ウノハナ）

Deutzia crenata Sieb. et Zucc.
ユキノシタ科

陽向の岩場などに普通の落葉低木。ウツギは空木のことで幹が中空になっている。若枝・葉など各所に星状毛がある。5月下旬から7月、枝先に幅の狭い円錐花序を付ける。花序にも星状毛が密生している。花は白色の鐘形で径約1cm、花弁は5個で倒披針形。

分布：北海道南部－九州
2010.6.12　三ノ岳

ヤマボウシ

Benthamidia japonica (Sieb. et Zucc.) Hara　ミズキ科

近年二ノ岳草原の人桝遺跡付近で数本花を付けるようになり登山者の目を楽しませている。香春岳全体として個体数は多くない。花期は6月、白色ときに帯紅色の総苞片は4個あり、個体により形が多少異なる。花は中心部に密集して付く。9-10月果実は紅熟し食べられるのでヤマグワとも呼ばれる。

分布：本州－屋久島・琉球、朝鮮半島
2010.6.12　二ノ岳

ウツボグサ

Prunella vulgaris L. subsp. asiatica (Nakai) Hara　シソ科

二ノ岳草原の道に多く生える。茎は高さ15−30cm、花の終る頃から走出枝を出す。花期は6−8月、花は茎頂に集まって花穂となる。花冠は紫色で長さ1.5−2cm、上唇はかぶと状下唇は3裂し中央裂片が大きい。二ノ岳草原の道には白花個体も多い。カコソウ（夏枯草）とも呼ばれ薬草として使用されてきた。

分布：北海道−九州、東アジア−シベリア東部

2014.6.24　二ノ岳
白花　1996.8.4　二ノ岳

クマノミズキ

Swida macrophylla (Wall.) Soják　ミズキ科

やや湿気のある土壌を好む落葉高木。幹は普通、垂直に立ち、輪形に階段状の枝を出して独特の樹形をなす。香春岳では増加している。葉は対生に付く。花期は6−7月で枝先に白色の小さな花を散房状に付ける。花弁は4枚。核果は球形で径約5mm、黒紫色に熟す。時に葉の互生したミズキがある。

分布：本州−屋久島、朝鮮半島・中国・ヒマラヤなど

2014.6.3　二ノ岳

イガホオズキ

Physaliastrum japonicum
(Franch. et Savat.) Honda
ナス科

林縁にまれな多年草で高さは50−70cm、姿はイヌホオズキなどと似ている。葉は広卵形で比較的大きい。6−8月頃葉腋に下垂する花を付ける。花冠は黄白色、広鐘形で径約5mm、萼には密に太い軟毛がはえている。液果は下垂し球形で径約1cm。はじめ果実は萼に包まれているが、生長するにつれて萼の先は開いて果実がのぞく。三ノ岳の二箇所にあるが絶滅寸前である。

分布：北海道−九州、朝鮮半島・中国（北部・東北）
カテゴリー：絶滅危惧ⅠB類（福岡県）
全体　2014.6.24　三ノ岳
果実　2014.9.18　三ノ岳

スズサイコ

Cynanchum paniculatum (Bunge) Kitag. ガガイモ科

日当りのよい山地草原にまれな多年草。細くてかたい茎が直立して高さ30-60cm、葉はほとんど柄のない長披針形でまばらに付く。花期は7-8月で花は茎の先の方に集散花序に付く。花は淡褐色で花冠は星形。雨天や曇天に咲いて、晴天の日の日中は閉じる。袋果は細長い披針形で長さ5-8cm、垂れ下がって付く。ただし袋果はめったに付かない。袋果は秋に割れて種髪の付いた種子を飛ばす。蕾が鈴、葉がミシマサイコに似ているところからこの名が付いた。
分布：北海道-九州、朝鮮半島・中国
カテゴリー：準絶滅危惧（環境省）、絶滅危惧Ⅱ類（福岡県）
花　2011.6.27　二ノ岳
果実　1997.8.14　二ノ岳

夏　95

ツルマサキ

Euonymus fortunei (Turcz.) Hand-Mazz.
ニシキギ科

三ノ岳の巨石群の岩上を這っている。幹の太い所からは気根を出す。新しい枝は緑色、葉は厚く多くは対生で表面には光沢がある。花期は6－7月、総花柄の先に多くの小花を付ける。花は淡緑色、果実は球形で12月に裂開し、赤い仮種皮に包まれた種子が出てくる。

分布：北海道－琉球、朝鮮半島・中国
2014.6.16　三ノ岳

コクラン

Liparis nervosa (Thunb.) Lindl　ラン科

うす暗い常緑林や造林地の林下に生える。前年個体に並んで新個体をつくる。葉はゆがんだ広楕円形、花期は6－7月、花茎は普通、高さ15－20cmで上部に暗紫色の花を5－10個まばらに付ける。

分布：本州（茨城県以南）－九州、中国
2000.6.29　三ノ岳

オオルリソウ

Cynoglossum zeylanicum (Vahl) Thunb.
ムラサキ科

林縁部の草地にごくまれな多年草。茎は高さ40-60cm、短い斜上する毛がある。葉は披針形で厚く長さ10-20cm、短毛が密生している。花期は7-8月、花序は長さ10-20cm、枝は葉腋から水平に伸び沢山の花を付ける。花序の先端はミズタビラコのように巻いている。花冠は径約5㎜、るり色で5裂している。2014年、二ノ岳の既知産地からは姿を消した。周辺に高茎草本が茂ったことが要因と思われる。

分布：本州－琉球、朝鮮半島・中国・東南アジア・インド

カテゴリー：絶滅危惧ⅠB類（福岡県）
2002.7.1　二ノ岳

オカトラノオ
Lysimachia clethrojdes Duby
サクラソウ科

二ノ岳の馬の背下部の登山道に多い多年草。横に這う地下茎で増え時に群生する。地上茎は高さ80cmに達し、葉は長楕円形で互生。花期は6－7月、茎の頂に長い総状の花序を付ける。花序の長さは15－30cm、花序は直立せず中間部で折れ曲がって傾くので小花は上側に偏って付く。花は白色で5個の裂片に分かれている。

分布：北海道－九州、朝鮮半島・中国
2012.7.9　二ノ岳

ヒオウギ
Belamcanda chinensis (L.) DC.　アヤメ科

日当りのよい露岩地を好む多年草。葉は剣状で基部では左右に広がり檜扇形になるのでこの名がついた。花期は7－8月、茎は高さ60－70cm、花は橙赤色で花披片は6個、同形同大で平開し、花の径は3－4cm、花弁の内側には暗赤色の斑点がある。果実は倒卵状楕円形で割れて黒色の光沢のある種子を出す。

分布：本州－琉球、朝鮮半島・中国・インド
1998.7.24　二ノ岳

コオニユリ

Lilium leichtlinii Hook. fil. var. maximowiczii (Regel) Baker　ユリ科

日当りのよい露岩地を好み、岩上にも生える。イワシデ林内にもあるがほとんど開花しない。高さは50-80cm、花期は7月で、花は普通1-5個ついて橙赤色。花被片は長さ6-8cm、濃褐色の斑点が入る。花柱は子房よりも長い。茎にはオニユリのような珠芽が付くことはない。

分布：北海道-九州、朝鮮半島・中国（東北）・ウスリー

1995.7.22　二ノ岳

オオキツネノカミソリ

Lycoris sanguinea Maxim. var. kiushiana Makino
ヒガンバナ科

山の中ではまだ見たことがないが神宮院の光のあまり通らない陰湿の林床に生える。花期は7月中旬、花茎は高さ30-50cmで先に3-5花が付く。花被片は橙色で長さ約9cm、おしべの先が花被片より2-3cm突き出し、めしべはさらに長い。ヒガンバナと同様に花期には葉はなく、その後出てくる葉がカミソリの形をしていることからこの名がある。

分布：本州（関東以西）-九州

2014.7.24　神宮院

夏　99

カセンソウ

Inulla salicina L. var. asiatica Kitam.
キク科

日当りのよい乾いた草地に生える多年草。ロゼット状の根出葉があり、茎は高さ40－60cm、細くてかたく毛が多い。葉は楕円状披針形で基部は茎を抱く。花期は7月下旬、茎の上部で枝分かれして数個の頭花を付ける。頭花は黄色で径2.5－3.5cm、舌状花は一列に並ぶ。二ノ岳では高茎草本の繁茂によりほとんど消滅した。

分布：北海道－九州、朝鮮半島・中国・シベリア
カテゴリー：絶滅危惧Ⅱ類（福岡県）
2014.7.24　三ノ岳

オオハンゲ

Pinellia　tripartita　(Blume) Schott　**サトイモ科**

どちらかというと岩場を好む傾向があり、石灰岩の割れ目に生えることが多い。葉は1－4個ありそれぞれが3つに分かれている。花期は5－9月、5月頃にいっせいに咲き、以降またずれずれに咲く。花茎は高さ20－40cm、葉と同じくらいの高さがある。花序を包む苞は緑色であるが、香春岳の場合口辺部は紫褐色である。付属体は上方に糸状に長く伸びる。

分布：本州（中部地方）－琉球
2015.7.25　三ノ岳

クルマバナ

Clinopodium chinense (Benth.) O. Kuntze subsp. grandiflorum (Maxim.) Hara var. parviflorum (Kudo) Hara　シソ科

二ノ岳草原の道などに生える多年草。茎は4角で高さ30−50cm、葉は対生して鋸歯がある。葉腋に多数の花が仮輪として付き、花はいっせいに咲かずに長期間ずれずれに咲く。花期は7−9月、花冠は長さ6−10mmで紅紫色、萼は長さ6−8mm、紅紫色を帯び開出毛がある。

分布：北海道−九州、南千島・朝鮮半島
1998.7.22　二ノ岳

ニガクサ

Teucrium japonicum Houtt.　シソ科

三ノ岳のヒノキ林の道などで見られる多年草。茎は高さ40−60cm、4稜があり走出枝を出して増える。葉は卵状長楕円形で小さな鋸歯がある。花期は7−8月、花序は茎の上方の葉腋から出て長さ5−10cm。花冠は淡紅色であるが時に濃赤紫色のものがある。

分布：北海道−琉球、朝鮮半島
1995.7.22　三ノ岳

ウバユリ

Cardiocrinum cordatum (Thunb.) Makino
ユリ科

三ノ岳の防火帯などに生える多年草。基部に大きな根出葉がある。茎の中間部以下にも数個葉が付く。花期は7月、花茎は60－100cmに達し花は茎頂に数個付く。花は水平に出て長さ7－10cm。花被片は緑白色で合着せず基部から離れている。花が咲くと根出葉も地中の鱗茎もなくなり茎の基部に新しい鱗茎ができる。若い株の鱗茎は食べられる。

分布：本州（宮城県・石川県以西）・四国・九州

2014.7.24　三ノ岳

ウマノスズクサ

Aristolochia debilis Sieb. et Zucc.　ウマノスズクサ科

神宮院の境内にあるが刈られたりしてめったに花を見ない。茎は細く高さ約1m、上方で分枝する。葉は三角状狭卵形で長さ約5cm、基部は心形、先はまるい。花期は7月、花は2－4cmの花柄にぶらさがって付く。萼筒は基部のふくらみから細く上方に湾曲し、先端はラッパ状で、筒を斜に切断したような形になっている。口部の内側は紫褐色。珍しい形の花である。

分布：本州（関東以西）－九州、中国

2000.7.25　神宮院

ダイコンソウ

Geum japonicum Thunb.
バラ科
防火帯や草原の縁などに普通の多年草。高さ30－50cm、葉や茎に短毛がある。根出葉は羽状複葉、茎葉は下部のものは3深裂、上部のものは切れ込まない。花期は7－8月、花は黄色で長い枝の先に付き径約15mm、花弁は5枚で多数のおしべがある。集合果は球形。
分布：北海道南部－九州
2015.7.25　三ノ岳防火帯

メヤブマオ

Boehmeria platanifolia Franch. et Savat.　イラクサ科
三ノ岳の防火帯をはじめ林縁部に多い。高さ1m以上になる多年草で葉は薄い卵円形、鋸歯は大きく不ぞろいである。花期は7－9月、雌花の集団は細い穂状になって付き、のちに垂れることが多い。
分布：北海道－九州、朝鮮半島・中国
2015.7.25　三ノ岳防火帯

ヤブミョウガ

Pollia japonica Thunb.
ツユクサ科
林下にはえる多年草で三ノ岳の防火帯には群生地がある。茎は高さ50－100cmで地下に細い根茎がある。葉は茎の中程に5、6個付き狭長楕円形で光沢がある。7－8月に長さ20－30cmの円錐形の花序が立ち白い花が咲く。果実は青藍色に熟す。
分布：本州（関東以西）－九州、中国
2015.7.25　三ノ岳防火帯

夏

カワラナデシコ

Dianthus superbus L. var. longicalycinus (Maxim.) Williams　ナデシコ科

日当りのよい草地に生える多年草。秋の七草の1種。花期は7－8月、茎は直立し高さ30－80cm、上部で枝を分け花をまばらに付ける。花は淡紅色で花弁の先は深く切れ込んで先端は針状にとがっている。また下部には深紅褐色のひげ状の毛がある、二ノ岳では高茎草本の繁茂で消滅した。三ノ岳の山頂部でもネザサが茂って危機的状態にある。

分布：本州－九州、朝鮮半島・中国
1998.7.22　二ノ岳

マキエハギ

Lespedeza virgata (Thunb.) DC.　マメ科

二ノ岳草原の道などに生える小さな半低木。注意してみないと見落してしまう程の植物である。葉は3小葉に分かれ、頂小葉が大きい。花期は8－9月、葉腋から葉柄よりもはるかに長い柄をもった総状花序を出して2－5花を付ける。花は非常に小さなもので白色に近い淡紅色。これとは別に葉腋に閉鎖花が付く。

分布：本州－琉球、朝鮮半島・中国
カテゴリー：絶滅危惧ⅠB類（福岡県）
1997.8.14　二ノ岳

ヨロイグサ

Angelica dahurica (Fisch.) Benth. et Hook.
セリ科

高さが時に2mを超す大形の草本で三ノ岳の防火帯にあるが個体数は減少した。葉は大きく、2-3回3出複葉、小葉は細長い楕円形で縁には不揃いの鋸歯がある。葉柄がふくらんで袋状になるのが特徴である。花期は7月、花序は大きく壮大。草地にあって一際目立つ存在、花弁は白色。

分布：本州-九州、朝鮮半島・中国（東北）・アムールなど
カテゴリー：絶滅危惧Ⅱ類（福岡県）
2014.8.8　三ノ岳

ヌスビトハギ

Desmodium podocarpum DC. subsp. oxyphyllum (DC.) Ohashi　マメ科

林縁や登山道に普通の多年草で高さ60-90cm、上部で分枝する。葉は互生し長い柄があり3出複葉、頂小葉が最も大きい。8月葉腋から長い花軸を出し、花は淡紅色、豆果は半月形で2個が連なっている。豆果の表面には短いかぎ形の毛があり衣服に付く。香春岳には他にヌスビトハギ属植物としてマルバヌスビトハギやフジカンゾウなどがある。

分布：北海道-琉球、朝鮮半島・中国・ヒマラヤ・ビルマ
2014.8.8　二ノ岳

ヒキヨモギ
Siphonostegia chinensis Benth.
ゴマノハグサ科

日当りのよい乾いた場所に生える一年草で、毎年同じ場所に生えるとは限らない。高さ30－50cm、上方で枝分かれして全体に曲がった短毛が密生している。葉は細かく羽状に分かれヨモギに似る。8－9月枝先の葉腋ごとに1花を付ける。萼は細長い筒形、花は黄色、下唇は3裂し上唇は細くなっている。

分布：南千島・北海道－琉球、朝鮮半島・中国

カテゴリー：絶滅危惧ⅠＢ類（福岡県）
2015.8.14　三ノ岳

ヤブラン
Liriope platyphylla Wang et Tang
ユリ科

山道・林下に普通の多年草、イワシデ林下にも多く大きな株も見られる。葉は長さ30－40cm、花は8－9月に咲き淡紫色、数個ずつの塊になって階段状に付き、全体として総状花序となる。花被片は6個。種子は紫黒色で径6－7mm。

分布：本州－琉球、朝鮮南部・中国
1997.8.14　三ノ岳

ゴマノハグサ

Scrophularia buergeriana Miq.
ゴマノハグサ科

日当りのよい林縁や草地を好む多年草。三ノ岳の防火帯に生える。茎は直立して高さ150－200cm、四角形。葉は対生し長卵形でとがった鋸歯がある。花期は7－8月、茎の先に長さ20－40cmの細長い花序をつくり、多くの花を密に付ける。花冠は黄緑色、つぼ形で先は唇形、上唇は2裂、下唇は3裂しており、全体の長さは6－7mm。

分布：本州（関東南部・中部・中国）・九州、
　　　朝鮮半島・中国（北部・東北）
カテゴリー：絶滅危惧Ⅱ類（環境省）、絶滅
　　　　　危惧Ⅱ類（福岡県）
1997. 8. 14　三ノ岳

オミナエシ
（オミナメシ）

Patrinia scabiosaefolia Fisch.　オミナエシ科

山地草原に生える多年草。秋の七草の1種、地下茎で増える。茎は高さ50－150cm、葉は対生して羽状に深裂する。花期は8－9月、黄色の小さな花が集散花序に付き花序の上部はほぼ平になる。花期には茎の上部も黄色になる。キキョウと共に盆花として使用されてきた。

分布：北海道－九州、朝
　　　鮮半島・中国・シ
　　　ベリア東部
1988. 8. 21　二ノ岳

サイコクイワギボウシ
Hosta longipes (Franch. et Savat.) Matsum. var. caduca N. Fujita
ユリ科

二ノ岳では陰湿な垂直の壁、三ノ岳では岩場に生えている。長い葉柄には紫褐色の斑点が多数あり基部では接し合っている。花期は8月、花茎にも紫斑がある。葉穂は斜上しており、花は淡い紫色で筒は長さ4.0-4.5cm、それに約2cmの柄がある。イワギボウシと異る点は花茎の伸びる初期に苞葉が落ちてしまうことである。

分布：四国西部・九州
1998.8.19　三ノ岳

マツカゼソウ
Boenninghausenia japonica Nakai　ミカン科
二ノ岳の山道に多い多年草で近年増加している。茎は高さ40-70cm、上方で分枝する。葉は3出羽状複葉で小葉の先はまるく裏面は帯白色。花期は7-10月と長い。花弁は白色で4個、つぼ状の花盤がある。臭気がありシカが食べないのでシカのいる山では大繁殖を続けている。

分布：本州（宮城県以南）-九州
2014.8.18　二ノ岳

サワヒヨドリ
Eupatorium lindleyanum DC.　キク科
日当りのよい湿気のある所を好む多年草。茎は高さ40-60cm、紫色で上部には毛を密生する。葉は対生で披針形、無柄で3脈が目立ち時に3裂する。花期は8-10月、小さな頭花が茎頂に密に散房状に付く。花冠は紅紫色で5個の筒状花からなり花柱の先は長く伸びて反り返る。

分布：北海道-琉球、朝鮮半島・中国・マレーシアなど
1998.8.19　二ノ岳

キキョウ

Platycodon grandiflorum (Jacq.) A. DC.
キキョウ科
日当りのよい山地草原に生える多年草。三ノ岳の山頂付近の草地に生育していたが、人の採取によるものか、一帯のネザサが繁茂したためか、見られなくなっている。花期は7-8月、茎は高さ50-100cm、花は茎頂に数個付き花冠は紫色で径3-4cmの広鐘形。
分布：北海道-九州・奄美、朝鮮半島・中国・ウスリー
カテゴリー：絶滅危惧Ⅱ類（環境省）、絶滅危惧Ⅱ類（福岡県）
1994.8.22 三ノ岳

ネコノチチ

Rhamnella franguloides (Maxim.) Weberb.
クロウメモドキ科
落葉低木で二ノ岳や三ノ岳の山頂部にある。茎は互生し長楕円形で先は尾状、主脈と側脈は裏面に落ち込んでいる。5-6月頃、葉腋に黄緑色の小さな花を付ける。果実は円柱状楕円形で長さ8-10mm、黄色から紅色、熟すと黒色に変わる。果実の形がネコの乳首に似ているのでこの名がある。
分布：本州（岐阜県以西）・四国・九州、朝鮮半島
1998.8.19 二ノ岳

夏

マルバハギ

Lespedeza cyrtobotrya Miq.　マメ科

日当りのよいネザサの中などに生える半低木で高さ1.5m。葉は羽状の3小葉を付けるが頂小葉は楕円形－倒卵形で先端はへこんでいる。花期は8－10月、花序は基部の葉よりも短いのが特徴。花は紅紫色、萼裂片は先端が針状に伸び萼筒より長い。小葉の形から円葉萩。秋の七草の一種。

分布：本州－九州、朝鮮半島・中国
2012. 8. 27　二ノ岳

イヌビワ

Ficus erecta Thunb.　クワ科

香春岳に多い。雌雄異株でどちらともイチジク状の花嚢を付ける。雌花嚢の中は雌花だけ、雄花嚢の中には雄花とイヌビワコバチの幼虫の寄生する虫えい花がある。雄果嚢の中で越冬した後、雌は交尾して7月頃、雌の成虫のみが雄果嚢の中から体に花粉を付けて出てきて雌雄の花嚢の中に入り込む。その後、雌花嚢の中では受粉が行われ8月中旬以降に果嚢が黒く熟す。花嚢は成熟すると果嚢になる。因みに、雄の成虫には眼も羽もなく雄果嚢の中で一生を終える。イヌビワはイヌビワコバチなしには種を保てない。

分布：本州（関東地方以西）－琉球、済州島
2015. 7. 14　雌果嚢　二ノ岳

アキカラマツ

Thalictrum minus L. var. hypoleucum (Sieb. et Zucc.) Miq.　キンポウゲ科

日当りのよい山地草原に普通の多年草。茎は高さ30－130cm、上部で分枝する。茎葉は2－4回3出複葉で花は大きな円錐花序に付く。萼片は早く落ち、黄色の長い葯を付けた細い花糸が多数垂れ下がったものになる。

分布：北海道－奄美大島、千島・樺太・朝鮮半島・中国・モンゴル
2012. 8. 27　二ノ岳

秋

9・10・11月頃
春に次いで開花と結実、そして紅葉、見る植物の多い季節である。

ヒメヒゴタイ
Saussurea pulchella Fischer
キク科

日当りのよい山地草原にまれな越年草。山肌の出たような周囲に他の草本があまりない所を好む。高さ50－150cm、上部で分枝して多数の頭花を付ける。花期は9－11月、頭花の径は12－16mm、総苞片には淡紅色の付属体があり蕾の時から美しい。花冠は長さ11－13mm、紅紫色。時に白花がある。ネザサその他の高茎草本が繁茂した現在、本種は香春岳から絶滅寸前である。2014年大きな個体は2株しかなかった。

分布：北海道－九州、朝鮮半島・中国（東北）・樺太・シベリア

カテゴリー：絶滅危惧Ⅱ類（環境省）、絶滅危惧Ⅱ類（福岡県）

1992.11.3　二ノ岳
花　1995.10.22　二ノ岳

イヌハギ

Lespedeza tomentosa (Thunb.) Sieb. ex Maxim. マメ科

日当りのよい道端などにごくまれな半低木で高さ30−60cm。香春岳には数個体しかない。全体に黄褐色の軟毛を密生している。葉は3葉からなり頂小葉は有柄で長楕円形。花期は9月、花序は茎の先端部の葉腋につくられ、その長さは2−10cm。花は長い総状花序に密生して付き黄色味がかった白色。高茎草本の繁茂で危機的状態にある。
分布：本州ー琉球、朝鮮半島・中国・インド・ヒマラヤ
カテゴリー：準絶滅危惧（環境省）、絶滅危惧ⅠB類（福岡県）
1999.9.10　三ノ岳

シラヤマギク

Aster scaber Thunb.　キク科

山地草原に普通の多年草で茎は高さ40−150cm。根出葉は卵心形で大きく、長い柄があり、それに翼が付いているのが特徴で、花の時期には枯れることが多い。茎葉は上部に向けて小さくなる。花期は8−10月、茎の上部で枝分かれして白色の頭花を散房状に付ける。舌状花は10個以下ですき間が大きい。
分布：北海道ー九州、朝鮮半島・中国
2013.9.15　二ノ岳

マネキグサ

Lamium ambiguus (Makino) Ohwi　シソ科

イワシデ・アラカシ群落の林下にはえる多年草。茎は地面を這った形で伸び、長さ20−60cm。先は立ち上がり葉腋に花を1−3個付ける。花期は8−9月、花は暗紅紫色で長さ18−20mm。小さいが美しい。花冠の下唇は大きく3裂している。1984年、二ノ岳の東斜面の標高400mで記録して以降は、この場所での調査は行っていないので現状不明。写真は竜ヶ鼻のものを使用した。

分布：本州（神奈川県以西）−九州

カテゴリー：準絶滅危惧（環境省）、絶滅危惧Ⅱ類（福岡県）

1955. 9. 11

マルバノホロシ

Salanum maximowiczii Koidz.　ナス科

林縁部にごくまれな多年草。茎はつる状で樹木などにからまって3mにも伸び広がる。ヒヨドリジョウゴに似るが、無毛。葉は長楕円形で鋸歯はなく、先は次第にとがる。8月頃、集散花序を出す。花冠は淡紫色で5裂し、開くと反り返る。液果は球形で径約8mm、10−11月に赤熟する。

分布：本州（関東以西）−九州

カテゴリー：絶滅危惧ⅠB類（福岡県）

2015. 10. 28　二ノ岳

秋

ツルニンジン

Codonopsis lanceolata (Sieb. et Zucc.) Trautv.　キキョウ科

林縁部に生えるつる性の植物で、つるは3m以上になる。葉は長楕円形、裏は粉白色。花期は9-10月、花は側枝の先から下垂する。花冠は鐘形で先は5裂し裂片の先はやや反り返る。外側は淡緑色、内側には茶褐色の複雑な模様が入る。大きな緑色の萼裂片がある。チョウセンニンジンに似た太い根がある。

分布：北海道－九州、朝鮮半島・中国・ウスリー・アムール

2014.9.16　三ノ岳

コバノボタンヅル

Clematis pierotii Miq.　キンポウゲ科

疎林内や林縁部にまれなつる性半低木。葉は3出葉で小葉は3つに分かれ大きな鋸歯がある。花期は9月、葉腋から集散花序を出し1-3花を付ける。花は上向きに咲き、萼片は白色で平開かやや反り返る。多数の白色の花糸が目立つ。

分布：四国・九州・琉球

1995.9.17　三ノ岳

サルナシ

Actinidia arguta (Sieb. et Zucc.) Planch. ex Miq.
マタタビ科

落葉籐本で樹木や岩にからんで伸びる。雌雄異株または雑居性、花期は5－6月、花弁は5個で白色の梅弁型で集散花序に付き、雌花は1－5個、雄花は3－10個付く。果実は9－10月に熟し広楕円形で長さ2－2.5cm、径約1.7cmのキウイ形、緑黄色に熟し香気があり食べられる。

分布：本州（関東以西）・四国・九州

1995.9.17　二ノ岳

ヒヨドリバナ

Eupatorium chinense L.
キク科

山地草原や林縁に普通の多年草で高さは50－150cm、茎には短毛があり、葉は長楕円形で先はとがり縁には鋭い鋸歯がある。花期は8－10月、頭花は散房状に付き花冠は白色。ヒヨドリバナには染色体が倍数体になっているものがあり、大形のものは4倍体か3倍体といわれる。

分布：北海道－九州、朝鮮半島・中国・フィリピン

2014.9.22　三ノ岳

モミジガサ

Cacalia delphiniifolia Sieb. et Zucc. キク科

夏緑樹林帯に多い植物であり、香春岳では数が少ない。茎は高さ20－40㎝、葉はモミジ状に裂け、表面には光沢がある。花期は8－9月、頭花は円錐花序に付き、総苞は淡緑白色で長さ8－9㎜、小花は5個で白色。二ノ岳のタブノキやシロダモなどの林下に生えている。

分布：北海道－九州
2014.9.18　二ノ岳

ウラギンツルグミ

Elaeagnus hypoargentea Hatusima
グミ科

ナワシログミとツルグミとの中間形とされるもので、香春岳にあるグミのほとんどがこの種である。香春岳にはナワシログミはあるがツルグミはまだ見たことがない。幹は直径10㎝、高さ4ｍくらいのものがあり、長さ1－2ｍの徒長枝を伸ばす。葉は線状楕円形の波状縁で厚く、表面に光沢がある。裏面はざらざらしていて銀白色から汚褐色まである。花期は9月中旬、葉腋に白色の花を1－4個束生する。果実は翌年の4月頃に紅熟。

分布：紀伊半島・四国・九州
2014.9.18　二ノ岳

サイヨウシャジン
Adenophora triphylla (Thunb.) A DC. var. triphylla　キキョウ科

二ノ岳草原の道に多い、茎は太い根茎から出て高さは1mを超す。根出葉は早く枯れる。茎葉は各節に4個付くが、上方になるにつれて小さくなり、ついには痕跡的になる。花期は9-10月、花は大きな円錐花序に付き、花を付ける枝は普通5輪生、花冠はつぼ形で長さ10-11mm、幅約7mm、筒先より7-9mm花柱が長く突き出すのが本種の特徴である。
分布：本州（中国地方）・九州・琉球、中国
2014.9.18　二ノ岳

オトコヨモギ
Artemisia japonica Thunb.　キク科

山地草原に生えるヨモギの1種。茎は叢生して高さ40-80cm、中部の葉はへら状くさび形で基部は茎を抱き、先は3裂している。花は9-11月、円錐花序に多数の小さな頭花を付ける。香春岳にはヨモギ属植物としてヒメヨモギとヨモギがある。
分布：北海道-琉球、朝鮮半島・中国・フィリピン・インド・アフガニスタン
2014.9.18　二ノ岳

ミズヒキ

Antenoron filiforme (Thunb.) Roberty et Vautier　タデ科

山の巡視道などに多い多年草。まばらに分枝して高さ40－60cm、葉は比較的大きく楕円形から広楕円形、表面に光沢はなく中央部に黒い雲紋のはいることが多い。花期は9－10月、花は小さく赤色の萼裂片が目立ち水引に似ていることからこの名がある。よく似た種類にシンミズヒキがあり、これも香春岳に多く生えるが、全体に毛がなく葉に光沢があり、雲紋がないことなどから区別できる。

分布：北海道－琉球、朝鮮半島・中国・インドシナ・ヒマラヤなど

2014. 9. 18　二ノ岳

オトギリソウ

Hypericum erectum Thunb.
オトギリソウ科

山地草原に生える多年草。茎の多くは1本立ちで高さ30－50cm。葉は広披針形で基部はなかば茎を抱く。枝は急角度に斜上し茎の先端と共に花序となる。花弁は黄色で5個あり比較的大きく長さ9－10mm、花糸も黄色、葉や萼片や花弁などに黒点が多い。花弁と花糸は花後もしおれて残る。弟切草で兄が秘密にしていたタカの傷薬を弟が他人にもらしたので兄が怒り切り殺したという伝説からこの名が付けられた。

分布：南千島・北海道－琉球、樺太南部・朝鮮半島

2014. 9. 18　二ノ岳

ナギナタコウジュ

Elsholtzia ciliata (Thunb.) Hylander　シソ科
山地の道ばたや明るい樹下に生える高さ30－60cmの1年草。茎は四角で軟毛があり、全体に香気がある。花期は9－10月。花は淡紅紫色で一方に偏って付き、長い花穂はなぎなた状に曲がる。
分布：北海道－九州、アジアの温帯
2014.9.22　二ノ岳

オガルカヤ

Cymbopogon tortilis (Presl) Hitchc. var. goeringii (Steud.) Hand-Mazz.　イネ科
乾いた山地草原に生える多年草で高さ50－80cm、株立ちになる。茎はかたく平滑。短く分枝して多数の花序を付け、全体として長さ20－40cmの円柱形の花序をつくる。香春岳にはよく似た種類にメガルカヤとメリケンカルカヤがある。前者はオガルカヤより大形で穎に長い芒があり、後者は北米からの帰化植物で小形、二ノ岳草原の道などで増殖中。小穂の柄に長い白毛がある。
分布：本州－琉球・小笠原
2014.9.18　二ノ岳

ヒキオコシ

Rabdosia japonica (Burm.) Hara　シソ科
香春岳では巡視道沿いに多い。高さが 1 m 以上にもなる大形の多年草。茎は 4 角形、葉は広卵形で縁に鋸歯があり先はとがっている。茎の上部でよく分枝して全体としては大きな円錐花序となる。花期は 9 - 10月で花は小さく淡青紫色。全体に苦味があり健胃薬として利用されてきた。弘法大師が瀕死の病人に飲ませたところ起き上がったという伝説にもとづく名前。
分布：北海道－九州、朝鮮半島
1999.9.16　三ノ岳

ミヤマウズラ

Goodyera schlechtendaliana Reichb. fil.
ラン科
常緑広葉樹林下に生える高さ10-20cmの小形の地生蘭。単生のこともあれば数本が群生していることもある。広卵形の数個の葉が下部に集まって互生する。葉の表面は濃緑色地に白色の網目模様があり裏面は淡緑色。9月中旬頃、10個あまりの淡紅色の花を一方向に偏って付ける。
分布：北海道中部－九州・奄美大島、朝鮮半島
　　　・中国
2010.9.20　二ノ岳

キセワタ

Leonurus macranthus Maxim.　シソ科
山地草原にややまれな多年草。茎は四角形で高さ50-100cm、葉は対生し狭卵形、あらい毛があってざらつく。花期は8-9月、花は葉腋に数個ずつ輪形に集まって付き、紅紫色で比較的大きく長さ25-30mm。花冠の外面には白毛が密に生え、下唇の中央裂片の先は下に折れ曲がって濃紅紫色。和名は花冠の表面に沢山の毛があり、綿を着せているという意味。
分布：北海道－九州、中国
カテゴリー：絶滅危惧Ⅱ類（環境省）、絶滅
　　　　危惧Ⅱ類（福岡県）
2010.9.20　二ノ岳

ミツバグサ

Pimpinella diversifolia DC.　セリ科
二・三ノ岳の巡視道に散在している。多年草で高さは50-100cm、茎は細いので長いものは倒れている。根出葉は単葉か3出葉、茎葉はすべて3出葉。いわゆるミツバで上部の葉は深く切れ込む。上部で枝を分けそれぞれに散形花序を付ける。花期は9月、花弁は白色で果実は扁球形。
分布：九州、中国・ヒマラヤ・中央アジアなど
2014.9.22　三ノ岳

コミヤマミズ

Pilea pseudopetiolaris Hatus.
イラクサ科
木陰のやや湿気のある所に群生する多年草で高さは30－70cm、茎は緑色、葉は長さ8－18cmの長楕円形で葉先は次第に細まり尾状になる。花期は8－10月、花は上方の葉腋に雌花序と雄花序に分かれて付く。そう果は非常に小さく径約0.5mmの粒状で、拡大してみると表面にいぼ状の突起が多数ある。全国的には分布の限られた種類であるが、香春岳には多い。
分布：本州（近畿以西）－九州
2014.9.29　菅原神社

ハバヤマボクチ

Synurus excelsus (Makino) Kitam.　キク科
日当りのよい山地草原に生える多年草。かつては二ノ岳草原の西側の縁などに多くあったが、近年ネザサなどの繁茂によりほとんど消滅した。高さが1－2mの大形草本。茎にはくも毛があって白く見える。葉は下部で大きく裏側には綿毛が密生している。花期は10月、頭花は茎の上部の短い枝に点頭し大きく径3－5cm、基部の総苞片は開出して刺状、花冠は黒紫色。ハバ山火口、ハバ山は草刈場のある山の意。
分布：本州（福島県以南）－九州
2012.10.9　二ノ岳

カワミドリ

Agastache rugosa (Fisch. et Mey.) O. Kuntze
シソ科

山の草地に生える多年草。香春岳では三ノ岳の2箇所に生育していたが、樹木が茂り陰になったために絶滅寸前である。茎は4角で高さ50－100cm、全体に香気がある。茎は対生し広卵形で鋸歯がある。花期は9－10月、茎の先端に沢山の花が集まって長さ5－15cmの花穂となる。花は紫紅色で美しい。

分布：北海道－九州、朝鮮半島・中国・シベリア東部

2012. 10. 9 三ノ岳

ヤクシソウ

Youngia denticulata (Houttuyn) Kitam.
キク科

乾いた地面や岩の割れ目などに生える越年草。秋の山の花の代表。茎は高さ20－50cm、基部からよく分枝して茂る。根出葉はさじ形で花時には枯れる。茎葉は基部で茎を抱く。花期は9－11月、花は枝先に多数付き黄色で上向きに咲くが、終ると垂れる。

分布：北海道－九州、朝鮮半島・中国・ベトナム

2011. 10. 10 二ノ岳

ヤマジノギク

Heteropappus hispidus (Thunb.) Less.
キク科
乾草原にやや普通の越年草で高さは30－60cm、茎ははじめ直立し上部でまばらに枝を分け、枝先に1個の頭花を付ける。茎や葉にあらい毛が多い。花期は9－10月、頭花の径は約3.5cm、やや大きく、舌状花は1列で花冠は青緑色。秋の野菊の代表格。
分布：本州（東海地方以西）・四国・九州、朝鮮半島・中国
1995.10.22　二ノ岳

ヤマハッカ

Rabdosia inflexa (Thunb.) Hara　シソ科
秋の山地草原のいたる所で見ることのできる多年草。茎は高さ30－60cm、よく分枝して茂る。葉は広卵形から三角状広卵形であらい鋸歯があり、葉柄に翼の付くのが特徴。花は9－10月、集散花序に付き、花冠は青紫色で上唇は立ちあがり、下唇は前に長く突きでる。
分布：北海道－九州、朝鮮半島・中国
2014.10.10　二ノ岳

郵便はがき

812-8790

158

料金受取人払郵便

博多北局
承　　認

0188

差出有効期間
平成29年5月
31日まで
（切手不要）

福岡市博多区
　奈良屋町13番4号

海鳥社営業部 行

通信欄

通信用カード

このはがきを，小社への通信または小社刊行書のご注文にご利用下さい。今後，新刊などのご案内をさせていただきます。ご記入いただいた個人情報は，ご注文をいただいた書籍の発送，お支払いの確認などのご連絡及び小社の新刊案内をお送りするために利用し，その目的以外での利用はいたしません。

新刊案内を［希望する　希望しない］

〒　　　　　　　　　☎　　（　　）
ご住所

^{フリガナ}
ご氏名　　　　　　　　　　　　　　　　　（　　　歳）

お買い上げの書店名	自然誌 香春岳

関心をお持ちの分野
歴史，民俗，文学，教育，思想，旅行，自然，その他（　　　）

ご意見，ご感想

購入申込欄

小社出版物は全国の書店、ネット書店で購入できます。トーハン，日販，大阪屋，または地方・小出版流通センターの取扱書ということで最寄りの書店にご注文下さい。なお，本状にて小社宛にご注文下さると，郵便振替用紙同封の上直送いたします。送料無料。なお小社ホームページでもご注文できます。http://www.kaichosha-f.co.jp

書名		冊
書名		冊

アキノキリンソウ

Solidago virgaurea L. subsp. asiatica Kitam.
キク科
山地草原に生える多年草で茎は高さ25-50cm、細くてかたい。根出葉は花時には枯れている。中部以下の葉柄は有翼。花期は8-11月、頭花は枝先に総状花序に付き黄色。セイタカアワダチソウの花が本種に似ているところからセイタカアキノキリンソウとも呼ばれたことがある。
分布：北海道-九州、朝鮮半島
2013.10.11　二ノ岳

オトコエシ

Patrinia villosa (Thunb.) Juss.　オミナエシ科
二ノ岳草原の道などに普通の多年草。高さは60-100cm、花期は9-10月、白い小さい花が集散花序に多数付く。花のあと果実には円心形の翼が発達するのが特徴で、かさかさした果実が秋遅くまで残っている。オミナエシよりも丈夫ということでこの名がある。
分布：北海道-奄美大島、朝鮮半島・中国
1996.10.13　二ノ岳

アケボノソウ

Swertia bimaculata (Sieb. et Zucc.) Hook. et Thoms.　リンドウ科

湿気の多い土壌を好む一年草ないし越年草。二ノ岳の生育地では樹陰になり衰退している。茎は高さ40－80cm、葉は対生で3脈が目立つ。花期は9－10月、茎の下方から分枝して集散花序を付ける。花冠の裂片は5個、黄白色で先端部に黒い斑点があるほか中央より少し上方に淡緑色で円形の2個の蜜腺が目立つ。

分布：北海道－九州、中国

2014. 10. 15　二ノ岳

ナンバンギセル

Aeginetia indica L.
ハマウツボ科

ススキの根に寄生する1年草。香春岳ではあまり見ない。花期は8－10月で、場所により出てくる時期が異なる。高さ10－25cmの花柄を伸ばしてその先に1花を付ける。淡黄色の大きな萼がある。花冠は長さ3－4cm、基部と先端部が濃紫紅色で美しい。別名オモイグサ（思草）。

分布：北海道－琉球、中国・インドシナ・マレーシア・インド

2014. 10. 15　二ノ岳

ヤナギアザミ
Cirsium Lineare (Thunb.) Sch. Bip.
キク科

草原にややまれな多年草、二ノ岳草原では激減した。茎は直立して70－120cm、上方でまばらに分枝する。葉は線形で縁にはギザギザがあるが痛くはない。頭花は少なく枝先に単生する。花冠は長さ17㎜、紅紫色。まれに葉の裏側が白いウラユキヤナギアザミがある。

分布：本州（山口県）・四国・九州
2013. 10. 23　三ノ岳

コシオガマ
Phtheirospermum japonicum (Thunb.) Kanitz
ゴマノハグサ科

日当りのよい所に生える半寄生の１年草、めったに出合うことがない。高さ20－30cm、曲がった毛が多い。葉は羽状に分かれ裂片の先にはとがった鋸歯がある。花期は９－10月、花冠は筒状で唇形淡紅紫色で長さ約２㎝。上唇はかぶと形で先は２裂して縁は反り返り、下唇は上唇よりも大きく３裂して開出し、中に２本の隆起した条がある。非常に美しい花である。

分布：北海道－九州、朝鮮半島・中国（中北部・東北）・アムール
1995. 10. 22　三ノ岳

リンドウ

Gentiana scabra Bunge var. buergeri (Miq.) Maxim.　リンドウ科

山地草原に生える多年草。三ノ岳にあるが、近年、減少した。茎は高さ20－60cm、細くて丈夫。花期は10月下旬から11月で秋の花の中では最も遅い。花冠は5裂し紫色で筒部の内面には茶褐色の斑点、裂片の上部には小白斑がある。花は日中に咲いて夜は閉じる性質がある。根は漢方薬として使用されてきた。

分布：本州－奄美
カテゴリー：絶滅危惧Ⅱ類（福岡県）
1996.10.26　三ノ岳

センブリ

Swertia japonica (Schult.) Makino
リンドウ科

日当りのよい斜面などに生える1年草または越年草。高さは5－20cm、葉は線形で多少外側に反る。花期は10月、花冠は白色で5深裂し裂片には紫色の筋が入る。全草に強い苦味があり、古くから健胃薬として利用されてきた。今でも採取されるため減少している。

分布：北海道西南部－
　　　九州、朝鮮半島
　　　・中国
2013.10.28　二ノ岳

四季おりおりの花

ヒメアザミ
（ヒメヤマアザミ）

Cirsium buergeri Miq.　キク科

三ノ岳の防火帯に多い、茎は細いが高さ1－1.5mの背の高いアザミ。葉は長楕円形で羽状に浅－中裂している。裂片の先には太い刺針があり痛い。基部は常に茎を抱く。花期は8－10月と長い、頭花は小さくやや穂状に付く。花冠の長さは16－18mm。

分布：本州（近畿地方以西）－九州

2013.10.28　三ノ岳

ノダケ

Angelica decursiva (Miq.) Franch. et Savat.　セリ科

乾いた山地草原や林縁に生える多年草。羽状複葉で3－5個の小葉からなる根出葉があり、茎は直立して暗紫色、高さ50－150cm、あまり分枝しない。茎葉の葉柄は袋状にふくらんでおり、葉身はほとんど退化して葉柄部のふくらみから垂れる形になっている。花期は9－10月、花は複散形花序に付き暗紫色。

分布：本州（関東以西）－九州、朝鮮半島・ウスリー・中国・インドシナ

2013.10.28　三ノ岳

シマカンギク

Dendranthema indicum (L.) Des Moulins　キク科

日当りのよい所に生える多年草で、岩場を好みイワシデ林の林縁部に多い。長さ30－60cmで生育環境により斜上したり這ったりしている。葉は羽状に5中裂している。花期は10－11月、頭花の径は2.5cm、舌状花は黄色、時に白色。葉や花の形、香りなどが最も栽培菊に近い種類である。

分布：本州（近畿地方以西）－
　　　九州、朝鮮半島・中国
2013.10.28　二ノ岳

ムクノキ（ムクエノキ）

Aphananthe aspera (Thunb.) Planch.
ニレ科

照葉樹林内では高木、イワシデ林内では亜高木や低木としてある。樹皮は老齢木では鱗状にはがれる。雌雄同株だが雄花と雌花に分かれている。花期は4－5月。果実は10月に黒紫色に熟す。中にかたい種子の入った核果で、外側の外果皮は甘く食べられる。小鳥やサルが食べる。よく似たエノキの樹皮ははがれない。

分布：本州（関東地方以南）－琉球、済州
　　　島・中国・インドシナ
1995.10.22　三ノ岳

シロヨメナ

Aster ageratoides Turcz. subsp. leiophyl-lus (Franch. et Savat.) Kitam.　キク科
ヤマシロギクときわめてよく似た種類である。ヤマシロギクが葉の基部で茎を多少抱くのに対し、シロヨメナには葉柄があり茎を抱かない。ヤマシロギクがイワシデ林など山の上方に分布しているのに対し、シロヨメナは山麓部にあって混生することはない。本種は時に茎が1m以上になり、よく分枝して倒れ広がることもある。花期は10－11月、枝先に多数の頭花が付く。頭花は白色で径1.5－2cm。
分布：本州－九州、台湾
2013.11.2　五徳

ケンポナシ

Hovenia dulcis Thunb.
クロウメモドキ科
五徳の真行寺の前庭にある落葉高木。植えたものであるが今では非常に珍しい存在である。葉は広卵形で長さ10－20cm、ややあらい鋸歯がある。花は6－7月、小さくて径約7mm、帯緑白色、円錐形をした集散花序に付く。花序の枝が果期までに肥厚して肉質になり、ねじれる。10月から11月にかけて、落下したものを食べると甘くてナツメに似た味がする。
分布：北海道－九州、朝鮮半島・中国
2013.11.2　真行寺

イヌザンショウ

Zanthoxylum schini-folium Sieb. et Zucc.
ミカン科
伐採跡地などにまっ先に生える落葉低木。枝には互生する刺がある。葉はサンショウより大きく、香りがよくない。8－9月枝先に散房花序を付ける。雌雄異株で花は白色。果実は11月に成熟し、3個の分果からなり、はじけて黒色でつやのある種子がのぞく。
分布：本州－九州、朝鮮半島・中国
2011.11.3　二ノ岳

アキグミ

Elaeagnus umbellata Thunb.　グミ科
陽向の地に生える落葉低木で高さは2mを超える。小枝、葉柄、葉の裏面などが銀白色の鱗片に被われている。葉は倒卵状楕円形で長さ4－8cm。花は4－5月、葉腋に1－3個束生し汚白色。果実はほぼ球形で長さ6－8mm、11月頃に紅熟する。若いうちは渋味が強いが、よく熟すと甘くておいしい。
分布：北海道（南部）－屋久島、朝鮮半島・中国（東北から中部）
2011.11.3　二ノ岳草原

ヒヨドリジョウゴ

Solanum lyratum Thunb.　ナス科
林縁部に生える多年草。茎はつる状で他物にからまって伸びる。葉は卵形で先はややとがり基部は浅い心形。葉柄や葉身に軟毛が密生している。8月頃茎の途中から枝分かれして集散花序を出す。花冠は白色。液果は径約8mmの球形で鮮紅色に熟す。名はヒヨドリが果実を好むからという。同属にマルバノホロシがある。
分布：北海道－琉球、朝鮮半島・中国・インドシナ
1992.11.8　三ノ岳

ハダカホオズキ

Tubocapsicum anomalum (Franch. et Savat.) Makino　ナス科
やや湿り気のある林下に生える多年草。茎は直立して枝分かれし無毛、葉は柔かく単葉で大きく鋸歯はない。8－9月、葉腋に細い柄のある花を数個付ける。花冠は淡黄色で径8mm。果実は径約8mmで赤熟する。果実の上の緑色部が萼で、果実がむきだしになっているのでこの名がある。
分布：本州－琉球・小笠原、東南アジア一帯
1992.11.8　三ノ岳

秋　133

ノコンギク

Aster ageratoides Turcz. subsp. ovatus (Franch. et Savat.) Kitam. キク科

山道などに群生することの多い多年草。ヨメナと一緒に生えた所もある。地下茎で広がる。茎は細いが丈夫で倒れにくく上部で枝分かれして散房状に花を付ける。茎の高さは30－60cm、花は8月下旬から11月まで見られる。頭花の径は2.5cm、舌状花は普通、淡青紫色。神宮院下にはコンギクが自生している。

分布：本州－九州
2011.11.3　二ノ岳

ムラサキセンブリ

Swertia pseudochinensis Hara
リンドウ科

二ノ岳草原の西の端や三ノ岳草原ではネザサの繁茂により消滅した。2015年10月、二ノ岳の別の場所で1本だけであるが、確認できた。茎は比較的太く暗紫色で高さ15－40cm葉腋から多数の枝を出す。葉は線状披針形、花期は10－11月で秋の花としては遅い。花は淡紫色、裂片は5個、それに濃紫色の条が入る。ほとんど平開し蜜腺溝に毛がある。苦味はあるが薬にはしない。

分布：北海道西南部－九州、朝鮮半島・
　　　中国（東北）・アムール
カテゴリー：準絶滅危惧（環境省）、絶滅
　　　　　　危惧Ⅱ類（福岡県）
1992.11.8　三ノ岳

サラシナショウマ

Cimicifuga simplex Wormsk.
キンポウゲ科

明るい林下や林縁に生える多年草で高さは40-150cm、根出葉や下部の葉は大きく3回3出葉、上部の葉は小さくなる。花に特徴があって茎の先に長さ20cmくらいの花穂を付ける。花は密に付くが花弁は開花するとすぐ落ちておしべのみとなる。和名は若葉をゆでて水でさらして食べることからきている。2箇所にあるが個体数はごく少ない。

分布：北海道-九州、シベリア東部・千島・朝鮮半島・中国など温帯-亜寒帯

2014.11.3　三ノ岳

ツワブキ

Farfugium japonicum (L. fil.) Kitam.
キク科

海岸の岩上や崖などに生える植物。香春岳では山中にはなく、山麓部の日当りのよい場所や社寺の境内に見られる。花期は10-11月、頭花は径約5cm、舌状花は黄色で形に多少変化がある。若い葉柄を煮て食べる。

分布：本州（福島県・石川県以南）-琉球、朝鮮南部・中国

2014.11.4　二ノ岳山麓

ツタ（ナツヅタ）

Parthenocissus tricuspidata (Sieb. et Zucc.) Planch.　ブドウ科

香春岳では石灰岩上に這うことが多いが、乾燥と貧栄養のためか大株にはなりにくい。春の芽立ちの頃と秋の紅葉とが石灰岩の白さとの対比でとても美しい。大株では6－7月に小さな黄緑色の花が咲き果実は径5－7㎜で秋遅く藍黒色に熟し白い粉が付く。三ノ岳山頂部に多い。

分布：北海道－九州、朝鮮半島・中国

1996.11.23　三ノ岳

フユイチゴ

Rubus buergeri Miq.
バラ科

常緑のつる性低木。茎は細く地面を這い、所々に根をおろす。香春岳では山麓部から山頂まで広く分布している。全体に毛が多いが茎や葉柄の所々には小さな刺がある。花期は8－10月、花弁は白色。11－12月に果実は紅熟し酸味が強いが食べられる。

分布：本州（房総半島・新潟県以西）－九州、朝鮮南部・中国

2014.11.11　五徳

サルトリイバラ

Smilax china L. ユリ科
山野に生える半低木。葉はかたく緑色で強いとげがある。葉は厚く卵形・卵円形でモチを包むのに使い、方言でガメギノハなどと呼ぶ。雌雄異株で4-5月に葉腋から出る花軸に散形花序が付き、秋に液果が赤く熟す。本種をサンキライと呼ぶのは間違いである。名はバラのような刺がありサルがひっかかるという意味がある。
分布：北海道-九州、朝鮮半島・中国・インドシナ・フィリピン
1992.11.8 二ノ岳

ヒノキバヤドリキ

Korthalsella japonica (Thunb.) Engler ヤドリギ科
二・三ノ岳の山頂部や稜線上の低木に着生する高さ5-15cmの小さなヤドリギ。ヤブツバキ・ネズミモチ・シロダモなどの常緑樹に付く。茎は緑色で扁平、節が多数あって節から折れやすい。春から秋にかけて節ごとに小さな花を付け、のちに果実になる。果実は径約2㎜、透き通った橙黄色に熟す。種子には粘性があって他物によく付着する。
分布：本州(関東地方以西)-琉球・小笠原・中国・東南アジア・オーストラリア
1995.10.22 三ノ岳

シダ植物

好石灰性の強いシダ植物を除く

イノデ

Polystichum polyblepharum (Roem. ex Kunze) Presl　オシダ科

スギ・ヒノキ造林地のやや湿気のある林床に小群落が散在している。常緑性。短い根茎があり、葉を輪形に広げる。葉の表面は深緑色で光沢がある。胞子嚢群は小羽片の縁辺と中助の中間に付く。和名は猪の手で葉柄にたくさんの鱗片を付けていることによる。

分布：本州（東北地方中部以西）－九州

2014. 11. 3　三ノ岳

コバノヒノキシダ

Asplenium sarelii Hook.
チャセンシダ科

常緑性の小形のシダで石灰岩のくぼみやすき間に生え、山麓部から山頂部まで見られ、好石灰性とも見られる。山麓部では長さ20cmと大きく、稜線上では5cmあまりと小さい。胞子嚢は長楕円形であるが互いに接合し、枝分かれしたような形になる。県内での分布は地質的には石灰岩地のほか三郡変成岩地にかたよっている。

分布：本州（東北地方南部以西）－九州、朝鮮半島・中国・ヒマラヤなど

2014. 11. 15　神宮院

ヒロハハナヤスリ

Ophioglossum vulgatum L.　ハナヤスリ科
小形の地生のシダ植物。県内ではごくまれにしか見られない。三ノ岳ではネザサの中に4月頃現れ、6月末頃に胞子が成熟し、8月には地上部は枯れるのでハルハナヤスリの名がある。もう1つのかつての生育地はヒノキが植えられて消滅した。栄養葉は広卵形で長さ6－10cm、胞子葉は栄養葉の基部から出て高さ10－15cm。穂の長さは2－3cmで胞子嚢はやすり状に両側に並ぶ。
分布：北海道－九州、北半球の温帯
1959.5.26　三ノ岳

フユノハナワラビ

Botrychium ternatum (thunb.) Sw.
ハナヤスリ科
山林や原野に比較的普通のシダ植物。葉は1枚で柄がある。葉身は羽状に分かれ、やや厚い膜質で全体ほぼ三角形。胞子葉は栄養葉に接して出て高さ20－30cm、穂は2－3回分枝して円錐状。はじめ緑色のち黄色になる。冬季には葉は赤みを帯びる。

分布：北海道(渡島)－九州、東アジア
2013.10.28　二ノ岳

ヘビノネゴザ

Athyrium yokoscense (Fr. et Sev.) Christ
イワデンダ科
三ノ岳の山頂付近にやや群生している。県内の生育地も数箇所だけの珍しいシダである。夏緑性で葉は密に叢生し、葉身は長楕円状披針形で長さ20－30cm。葉柄は葉身と同長かやや短かく、わら色。葉は非常にもろく折れ易い。ネザサの繁茂で衰退ぎみ。香春岳は銅鉱石をはじめ色々な鉱物を産出してきたが、本種は鉱産物の指標植物といわれることがあり、それによくあてはまる。
分布：北海道－九州(最南部を除く)、ロシ
　　　ア東部・南千島・中国(中北部)など
2001.5.15　三ノ岳

シダ植物　　139

ヒラオヤブソテツ

Cyrtomium clivicola (Makino) Tagawa
オシダ科

ヤマヤブソテツの中の石灰岩地や三郡変成岩地に生えるタイプのもので、羽片の上側に耳片をもつのが特徴である。香春岳からはヤブソテツ属としてホソバヤマヤブソテツ、テリハヤブソテツ、ミヤコヤブソテツ、ツクシヤブソテツ、オニヤブソテツ、ナガバヤブソテツなどが記録されているが、本種はこれらの中で最も石灰岩との結びつきが強いものである。

分布：県内では平尾台・香春岳・古処山・犬ケ岳・皿倉山など

2015.5.28　二ノ岳

ヒメカナワラビ

Polystichum tsussimense (Hook.) J. Sm.
オシダ科

好石灰性のシダ植物で馬の背の下を通る巡視道脇の壁に多い。常緑性で葉は斜上し長さ15-30cm。葉身は葉柄よりやや長い。2回羽状複生で小羽片は全縁か浅裂し、先端に針状の突起がある。葉質はかたくやや光沢がある。香春岳には変種のオオキヨズミシダがあるとされているが未確認である。

分布：本州・四国・九州。朝鮮・中国・台湾

2015.5.2　二ノ岳

キノコ類

香春岳は山が乾燥しているためキノコ類は少ない

キヌガサタケ

Dictyophora indusiata (Vent. : Pers.) Fisch.

スッポンタケ科

竹藪やその近くに生えることの多い珍しいキノコ。土の中では白い卵のような形をしているが、早朝より現れ始め昼頃までに伸長してしまう。頂部に黒色でねばねばしたグレバがあり、下部にレース状のマント（菌網）を付ける。グレバには悪臭がある。写真のキノコは高さ、マントのすそ幅とも約10cmであった。本体は夕方には萎縮してしまう。香春岳ではまだ近縁のウスキキヌガサタケには出合ったことがない。

2014.5.22　二ノ岳山麓

ムレオオフウセンタケ

Cortinarius praestans (Cord.) Sacc.
フウセンタケ科
二ノ岳のイワシデ林内で発見したもので石灰岩地特有のキノコである。傘の大きさは径20cmにもなるといわれるが、発見したものは約14cmであった。傘はまんじゅう形から平開形。中心部はやや淡い茶色でへりに向って淡くなり紫色を帯びる。柄は長さ5－15cm、基部が大きくふくらんでいる。食べられる。
2013.11.21　二ノ岳

アミガサタケ

Morchella esculenta (L. :Fr.) Pers. var. esculenta
アミガサタケ科
4月頃地上に現れるがごくまれ。高さ4－12cm。頭部は卵形から卵状円錐形。縦横の網目はよく発達しているが、網目の形は一定していない。柄は円筒形で白色。食べられるが生食は中毒するといわれる。
2010.4.26　二ノ岳

ツチグリ

Astraeus hygrometricus (Pers.) Morgan　ツチグリ科
乾燥した林縁部や斜面に生える。幼菌は径2cm程の球形。成熟すると外皮は6－10片くらいに裂開してタコのような形になる。裂片は乾湿運動をして開いたり閉じたりする。袋状の内皮の頂端には頂孔があり、押さえると煙幕状に胞子を噴出する。
1996.5.6　三ノ岳

ヒメホウキタケ

Ramaria flaccida (Fr.) Ricken
ホウキタケ科
落葉・落枝上に生え高さ6cm、幅4cmあまり。子実体の枝は細くよく分枝している。若いうちは茶色から黄褐色であるが、写真は老菌で変色している。食べられるキノコ。
1998.8.4　二ノ岳

ヒラタケ

Pleurotus ostreatus (Jacq.:Fr.) Kummer　ヒラタケ科
アカメガシワの立木の割れ目に列んで生えたもの。普通は倒木などに重なり合って生える。形は貝殻形から半円形で灰白色、柄はごく短い。有用な食用キノコで広く人工栽培され「しめじ」の名で売られている。
2015. 11. 5　二ノ岳

カニノツメ

Linderia bicolumnata (Lloyd) Cunn.
アカカゴタケ科
スッポンタケの仲間。幼菌は径1－2㎝の白色の卵形。割れて高さ5－7㎝の腕を伸ばす。腕は2本で上部で弓状に湾曲する。名前の通りゆでたカニの脚そっくりの形と色をしている。2本の腕の間にグレバがあり悪臭を放つ。
1998. 5. 23　三ノ岳

アラゲキクラゲ

Auricularia polytricha (Mont.) Sacc.　キクラゲ科
山で見るキクラゲ類の代表。香春岳ではアカメガシワやニワトコなどの枯木によく生える。しばしば群生し隣同士が互いに癒着している。肉が厚く径6㎝にもなる。背面は灰色か灰褐色で直立した毛に被われ、粉をふいたように見える。山にはキクラゲもあるが本種の方が食味良好。
2014. 4. 1　二ノ岳

天然記念物指定木と銘木

樹木の名称は「福岡県文化財目録. 1971」による。

神宮院の大銀杏

神宮院の境内に聳える巨木で推定樹齢870年、胸高周囲586cmは県下で5番目くらいの大きさで、田川地域では最も大きな木である。大きさは20年前（1984年）と変わらなかった。雌木で毎年沢山の実を付けるが老木のためか実の粒が小さい。1991年の台風で枝が折れたり、かつて庭を整備した時に根元に土をもったといわれており、樹勢は最高とはいえない。　　（1992.11.3）

　胸高周囲586cm（2014.11.3測定）
　樹高約40m
　枝張18m
　県天17.　S31.8.11指定
　所在地　田川郡香春町殿町神宮院境内

一ノ岳のバクチの木

一ノ岳の東斜面の標高240mにある。現在ほぼこの高さまで採石が進んでいる。1986年に見た時には幹は本種特有の肌の色をしていたが、山が削られて低くなり、周辺の環境が変わったためか肌は黒ずんで昔の面影はなかった。木は大小の岩にはさまれて生えており、幹には沢山の瘤があり高さ1mくらいの所には穴もあいている。落石による傷もあった。また根元から径25cmあまりの幹が1本伸びている。福岡県では今後、神宮院付近に移植する準備を進めている。写真は山の上にある最後の姿となるであろう。

(2014.4.7)

胸高周囲270cm
樹高9m
県天20.　S31.8.11指定
所在地　田川郡香春町一ノ岳

元光願寺の大樟

一ノ岳の東山麓、香春町殿町の元光願寺の跡にあるクスノキの巨木。のぼり坂の右側に立っている。崖の縁に生えており根元が大きくふくらんでいて実測が難しい。推定樹齢870年。ふくらんだ根元には10人以上が入れる大きな空洞ができているが、樹勢は良好。　　　　　　　（2014.3.18）

胸高周囲約9.5m
樹高約42m
枝張り約50m
県天19.　S31.8.11指定
所在地　田川郡香春町　（元）光願寺境内
　　　　・香春公園内

石割枇杷

神宮院の境内にある梅園の一角にある。石灰岩の割目に芽生えて成長したもので、木はあまり大きくないが樹齢は100年を超えると思われる。石割性ということであまり例がなく天然記念物に指定された。果実の大きさは山中の野生のビワよりも多少大きいことから、人が捨てた種子から育ったものではないかと思われる。山のサルが熟すのを待っている。　　　　　（2014.11.4）

胸高周囲99cm
根まわり94cm（上の方が太い）
樹高 6 m
県天20.　S31.8.11指定
所在地　田川郡香春町殿町・神宮院境内

高座石寺のバクチノキ

高座石寺の境内の左上方、石灰岩の巨岩に囲まれて立っている。バクチノキは沿海性の常緑樹で内陸地に生えることのまれな樹木である。樹皮がはがれ落ちて樹肌が橙色になるのを、バクチ打ちが負けて身ぐるみはがされた姿に似ているというところからバクチノキの名が付いた。高座石寺の木は肌が特にきれいなものであり一見に値する。

高座石寺では庫裏の裏にも胸高周囲132cmの大きな木がある。これは先代の住職が町指定木の下から幼木を移植したものという。

(2014.9.28)

香春町指定天然記念物
胸高周囲176cm
樹高約13m
所在地　香春町殿町・高座石寺(こうざうじ)

真行寺のケンポナシ

昔は方々で見かけたものであるが、今では希少種となっている。真行寺の木は植えられたものであるが、それでも珍しく香春町では採銅所の長光にもう1本墓守りの木として知られているくらいである。

因みに真行寺の前庭には「指向の松」と命名されたみごとな枝ぶりのクロマツがあり、1本の枝は16m以上水平に伸ばされている。

(2014.11.3)

胸高周囲167㎝
樹高約15m
所在地　香春町五徳・真行寺前庭

貴船神社のヘラノキ

社殿前の石段の左側にある。枝は何度も切られて高さが抑えられているようである。この木は植えられたものと思われるが珍しい存在である。ヘラノキはシナノキ科の夏緑樹でヘラ形の総苞葉が付くことからこの名がある。葉身の基部が左右不そろいになっているのも特徴である。下の写真で白く見える長楕円形の部分が総苞葉で、その中部から花序が下がって付く。しかし今は木がイチョウなどの陰になって花付きが悪くなっている。
因みに神社の駐車場のイチョウの木は周囲389cmである。　　（2015.7.19）

　胸高周囲144cm
　樹高約8m
　所在地　香春町香春中
　　　　　組

香春岳の変貌と遺構

一ノ岳の香春岳城（鬼ヶ城）跡

草原からの二次遷移

1980年代前半まで二ノ岳および三ノ岳の台上はきれいなネザサ草原であった。ネザサは高さが40－60cmほどの低いもので、その中には樹木はほとんど生えていなかった。ところがネザサは1986年から87年にかけて開花し、一斉に枯れてしまった。北九州地域では香春岳はもとより、田川市のロマンスが丘、平尾台、英彦山の鷹巣原スキー場でも枯れた。その後、香春岳では急速に森林へと遷移が進行している。過去30年間の変化を辿ってみた。

1987年5月
上＝三ノ岳山頂より見た二ノ岳草原。こげ茶色に見える部分はネザサの枯れた所
下＝同じく、三ノ岳頂上からの三ノ岳草原。登山道がはっきり見えている

1988年8月　ネザサの枯れた所はススキ群落となったが、点々と枯れずに残ったネザサがあり、それらと種子から生えた幼植物とで再びネザサ草原が回復していった

1992年11月　三ノ岳草原。枯れたネザサ草原には野鳥により多くの種子が持ち込まれ、樹木が育ち始めた。遷移の先駆樹木は一般の地ではヤマハゼ、ヌルデ、アカメガシワであるが、ここではカラスザンショウが目立った

1995年10月　二ノ岳草原では1984年頃に人桝や土塁遺跡の発掘が行われた。その跡地には一時、ヒメヒゴタイ、ヤマジノギク、アキノキリンソウなどの生えるお花畑が形成されたが、今ではネザサに被われている

1995年7月　二ノ岳草原の東側。高さ1.5－2mのススキとネザサに被われ、その中でカラスザンショウは高さ3mになり、遅れてアカメガシワやヤマハゼなどが生育している。田川高校の生物部で植生調査を行った

2006年9月　三ノ岳山頂から見た三ノ岳草原の様子。2番目の写真と比較してみると分かるように、多くの樹木が侵入し森林へと遷移が進んでいることが見える。手前の樹木は3mを超えている

2014年9月　現在の二ノ岳草原の東側の植生。カラスザンショウのほかウリハダカエデ、エノキ、クヌギ、ヤマザクラ、クマノミズキ、アカメガシワなど夏緑樹に加えてタブノキ、シロダモ、ネズミモチなどの照葉樹も侵入して、樹高は8mに達している。樹間はメダケと見間違うほどの高さ2.5－3mのネザサが密生しているが、今後樹木の生長により陰になり消滅し、近い将来草原であった面影はなくなると思われる

自然環境を守る活動

■香春岳の自然環境を守る活動

　香春鉱業の許可を得て、香春町役場の産業振興課と香春道草の会では好石灰植物群落の保全と草原性の植物をよび戻すための活動を行っている。これとは別に会社側も巡視道の整理補修や三ノ岳登山道の草刈りを行っており、自然保護に尽力している。絶滅危惧種をはじめ希少植物を守るためには、草刈や余計な木を伐採するなど適切な管理が欠かせない。

■好石灰植物の保全

　二ノ岳の馬の背下段の露岩地帯はイワシデ、イブキシモツケ、イワツクバネウツギ、ヒメウツギ、キビノクロウメモドキ、チョウジガマズミなどの陽性の好石灰植物が低木状態で生育する特殊な場所で、香春岳における好石灰植物の見本園的な存在であるが、近年ここにタブノキ、ヤブニッケイ、ヤブツバキなどの照葉樹が侵入し急速に繁茂したために好石灰植物はそれらの陰になり次々に枯れ始めた。そこで2013年から照葉樹を伐採し、サルトリイバラやノイバラなどを除去して好石灰植物の日当りをよくしたところ2015年にはその効果が表れてきた。

二ノ岳馬の背下段。タブノキ、ヤブニッケイ、シロダモなどに被われている伐採前の状態

タブノキなどを伐採して好石灰植物に日が当るようにした（2013.7.25）

2013年12月10日　2回目の手入れ。手前右の岩上にはイブキシモツケが生えている

2014年12月9日　この日は岩の間に生えたススキ、サルトリイバラ、ノイバラなどを刈り取った

2015年5月2日　照葉樹を伐採して日当たりをよくしたことでイブキシモツケが多数開花した。草本のコメガヤなどもこれまでになく多くなった

ニホンザルの生態

香春岳の群は2007年3月、ついに分裂して香春岳に留まったA群約50頭と香春岳以外の香春町、田川市、福智町、北九州市、みやこ町の広範囲を遊動するB群約120頭となった。また、2010年3月にはB群から約20頭が離れてC群が誕生、東山方面に定住するようになった。2012年9月にはA群約60頭、B群約130頭、C群約30頭になり、現在はさらに増えていると思われる。

群の動きを探る
群を出て行くことのないメスザルの数頭にテレメーターをつけている。これから出る電波を受信して群が今どこにいるかを知る（2005.7.29）

群のリーダー　群には数頭のリーダー（ボスザル）がいる。リーダーは屈強なオスで群の中で育ったものではなく外部から入ってきたものと言われる。ヒトリザルとして放浪し体を鍛え逞しくなった者達である
上はB群のリーダー（2015.2.13）
下はA群のリーダー（2008.3.18）

レンゲソウの咲く春田に出てきた群 レンゲソウは彼等の大好物。これをわし摑みして食べるのをよく見る。甘くて栄養豊富なことをよく知っているからだ（2005.4.11）

水遊び 神宮院近くにある沈澱池。夏には若いサルがよく水遊びをする。泳ぐのも結構いる。頭を水面に出して泳ぐのであまり上手とはいえないが、立ち泳ぎで10mくらいは泳げるようだ。右の写真では先に上がったのが後から来た仲間を手を差し出して引き上げた。これには驚いた（2005.7.29）

冬の日 風の当たらない日溜りをえらんでのんびり毛づくろいなどをして過ごす。群の動きの止まった静かな一時
（2015.2.13 夏吉林道）

2月 この時期、昨年生まれたアカンボは親の腹にぶら下がっているもの、親の尻にくっついているもの、親からちょっと離れて遊ぶものなどさまざまであるが、春が来ると親から離れてグループをつくり、ひとり遊びを始める（2015.2.13）

集団からちょっと離れた所でアカンボをしっかり守っている母親。B群には10頭以上のアカンボがいた（2015.2.13）

2歳のコドモ
親から離れてコドモグループで過ごす。イヌビワの芽を口にした。B群には2、3歳のコドモが20頭あまりいた（2013.2.13）

土を食べる
サルの主食は植物であるが夏場は昆虫類などの小動物を好んで食べる。写真は土を食べているところで、神宮院の駐車場の斜面で発見した。かなり長期間利用されてきたと見られ大きな穴が開いていた。ただの赤土と思えるが、サルにはミネラルの豊富な土であろう。このような例は他県の群からも報告がある（1991.8.29）

ニホンザルの生態

蜜をすう
ツバキは山中にも人家にも沢山ある。サルはまず花をちぎって、2つに割って蜜をなめる。花の季節、木の下に沢山落ちている

ミカンを食べる
果樹の被害が深刻である。屋敷内の果樹もほとんど食べられてしまう。猿害をなくすためにはサルに食物を用意しないことが肝要であるが、そうもいかず、周辺には食物がいくらでもあり、これは無くすことは至難のわざである。ナツミカン類は2月以降にねらわれることが多いので、早目に収穫すべきである

大好物はビワ、カキ、クリ
早生の甘柿は8月の盆頃からねらわれる。木から落とした実は拾って食べることはまずしない。ビワ、早生の甘柿、栗は遊牧の対象で毎年きまってやってくるのでできるだけ植えない方がよい

野菜の被害

農作物の被害が甚大である。コショウ、ピーマン、タカナなど数種類を除いてはことごとく被害にあう。ちょっと目を離した間に全滅させられることすらある。収穫した穀物が家の中で被害にあうことも多い。写真は引き抜かれたジャガイモでちょっとの間に長い二畝が全滅した

タケノコを食べる

タケノコは好物である。香春岳の山麓部やその周辺部にはモウソウチク林やマダケ林が広く分布しており、モウソウチクは4月から5月、マダケは6月から7月にかけて芽を出し、サルは長い間タケノコを主食とする。節の上部の柔い部分を食べる

電気柵

今のところ最も有効な防護方法は畑に電気柵を設けること。香春町では資金を援助して2014年までに79基を設置して効果をあげている

カルスト

カルストとは「岩が多い」という意味で、石灰岩の露岩の多い地域に使われる。二ノ岳山頂部、馬の背、三ノ岳山頂部一帯で発達している。

三ノ岳山頂東側斜面のカッレンフェルト
カッレンフェルトとは石灰岩柱の林立した景観をいう。現在は樹木が成長して岩は見え難くなっている（1991.5.4）

三ノ岳北側稜線部のカッレンフェルト（1998.8.19）

香春岳の石灰岩（方解石）
結晶が非常に大きい
（2015.5.2　二ノ岳）

風化により色々な形の石灰岩が生まれる。
鯨の口に見える岩（2001.4.6）

三ノ岳山頂の巨石群　円頂ピナクルとよばれ石灰岩の頂はまるい（1995.10.22）

溝の大きくて深いカッレン（溶食溝）
2015.2.23　高座石寺境内）

左上＝何かの動物に見える岩（2001.4.6　三ノ
　岳）
左下＝溝の浅い小さなカッレン（溶食条溝）
　（1986.4.5　三ノ岳）

カルスト　　165

ドリーネ

香春岳には存在しないといわれてきたドリーネであるが、2013年に発見された。二ノ岳草原の東南部にあって、あまり大きなものではないが、東西方向に16.7m、南北に18mのほぼ円形、深さは3.7mあり、漏斗型であることから深窪ドリーネと呼ぶことにした。このすぐ西側には皿型のごく浅いドリーネもある。2014年4月1日に香春町と道草の会の人達とで最初の草刈りが行われた。

風穴

二ノ岳山頂の南側斜面と馬の背上部にある2つの風穴は比較的大きく以前から知られていたが、植生調査中に馬の背の東側斜面に大きくはないが、いくつもの風穴を発見した。その後、一ノ岳でも発見された。風穴には竪穴で落ち込んだら簡単には這い上がれないものがあるので決して近づかないで欲しい。

二ノ岳山頂南側斜面の風穴。山頂から南に少し下がった標高450mにある。昔からよく知られた香春岳最大の風穴で、洞内の調査も行われている。2014年4月1日の調査では洞内からかなり強い気流が上がっており、外気温19℃のとき吹き出し口の温度は16℃であった。夏は涼しく冬暖かい空気が出ていると思われる。入口は竪穴で危険である（2014.6.24）

二ノ岳の馬の背の上方、標高460m付近にある間口1.8m、高さ2mで香春岳では最も入口の広い風穴。内部はさらに広がって幅約3m、南に傾斜していて奥行約7m、床は転石となっているが天井が高いので入ることができる。2014年12月に入った時にはかなりの暖気が出てきており壁面には水滴がびっしり付いていた（2014.12）

＊人の入れるくらい大きな穴は風穴、入れない小さな穴は風穴孔とした

風穴　　167

■ 馬の背の東側斜面で発見した風穴および風穴孔

馬の背の東側斜面では3段に分かれて大小4個の風穴および風穴孔があった。
上は、中段のもので1mくらい離れて2つの風穴孔が並んでいる。右は一辺が約50cmの三角形で竪穴。左は40cm×40cmの横穴で入口の岩の表面は鐘乳石のように滑らかになっていた。どちらも強い暖気が吹き出していた
(2014. 10. 15)

稜線に近い最上段にあった小さな風穴孔で大きな岩の下にできた隙間から暖気が出ていた
(2014. 10. 15)

下段の風穴。ここでは最大の風穴で入口の広さは約1㎡、穴は垂直に落ちていて深さは約3m、底は平らで20㎡あまりの広い空洞になっている。吹出しは強い
(2014. 10. 15)

馬の背下部東斜面の風穴孔。入口は上下に2つあるが中でつながっている。下の穴は一辺約70cmの三角形で竪穴。吹き出しは弱く植物の葉が少し揺れる程度であった
(2014. 11. 11)

風穴　169

■一ノ岳の風穴孔と鍾乳石

一ノ岳の標高175m付近にある風穴孔。底面は約25㎝、縦には複雑な裂け目がある。入口内部の壁は鍾乳石が付着して光って見えた。穴はやや斜下に深く伸びている。ここから5mくらい離れてもう一つ風穴孔があり、入口付近のコケには水滴がついていた（2015.11.1）

一ノ岳の風穴孔近くにあった小さなつらら状の鍾乳石。香春岳では極めて珍しい存在である。今は乾いているが昔はなかりの水が垂れていたと見られ、近くには鬼ヶ城跡があり、往時、人はここから取水していたことも考えられる。つららは長い年月をかけて成長したものであり、下部はパイプ状になっている。すでに何本かは掻き取られていた（2015.11.1）

二ノ岳の遺構

16世紀の香春岳攻防の歴史
二ノ岳遺構の調査は1976年から1984年までの9年間に7次にわたって行われた。その結果、山上に存在する「人桝遺構」を含む土塁や石塁などの遺構群はすべて16世紀に築かれたものであり、香春岳の城をめぐる攻防のための施設であったことが明らかになった。

人桝発掘調査。人桝は長方形に土塁で囲まれた場所で3箇所ある。土塁は概ね基底部の幅3.5－4.5m、高さ1m、長辺30m、短辺15m、面積300－400㎡で長辺の中央には出入り口がある。しかし柱穴はなく中に建物があったとは考えにくく、何のために造ったものかはよく分かっていない

上＝二ノ岳草原西側の人桝遺構の発掘現場視察（1984.6.4）
下＝同じ人桝遺跡。土塁の3方が写っている（1984.6.17）

二丁石。最大規模の石塁遺構で全長は35mと長いので二丁石と呼ぶようになったといわれる。自然の大岩の間に石灰岩の割石を積み上げて崖を築いたもので崖面は三ノ岳方向を向いていて北からの侵入を防ぐものであった。現在は樹木が茂って見にくくなっている（1985.4.14）

馬の背上部の風穴に近いところにある大規模な石塁。全長21.5m、高さ1.5m、奥行き2.5mで稜線に直交する形につくられており、下方からの侵入を防ぐためのものであった(2014.4.1)

文殊菩薩石像上の石塁。尾根稜線から西側斜面の4箇所に並ぶ石塁の1つ。露頭した石灰岩の間を他の石灰岩で詰めている。石面はここでも三ノ岳側を向いている(2014.11.11)

間谷（たご）土塁。遺構中最大のもので一ノ岳と二ノ岳との連絡通路として使用され、また西側からの侵攻に備えた防御施設でもあった。左右2本の主土塁とそれに直交する波状の竪堀、それに曲輪があった。最大長173m、中央は通路として使用された。写真では一ノ岳の工事のために中間部が壊されているが、発掘後には全部取り除かれた（1978.5.20）
上は一ノ岳側から、下は二ノ岳側から見たもの

二ノ岳の遺構

二ノ岳草原の東側にある人桝遺構の土塁の一部。現在一帯は樹木が茂っているが、土塁は原形を留めている。人桝は北長辺32.5m、南長辺30m、西短辺16m、東短辺14.5mの長方形で、土塁の規模は3つの土塁中最大で基底部幅4−4.5m、高さ1.1−1.4m、上面幅1m（2015.11.5）

なぞの十字刻印。二ノ岳山頂にある最も東側に張り出した岩に十文字が刻まれている。大きさは縦軸が43.5㎝、直交する横軸は30㎝、深さは約6㎝。どのような目的でいつ刻印されたか今もって謎という。この岩上からは鏡山や道の駅、仲哀峠方面が一望できる絶好の展望台

間歩(まぶ)

香春岳の銅は奈良の大仏の鋳造にも使われたといわれるように採銅の歴史は古い。香春岳は銅鉱石以外の鉱物も多数産出しており、三ノ岳を中心に採掘が行われた。鉱山跡には坑口や採掘の際に不要な岩石を捨てた「ずり」などが数多く残っている。

神間歩鉱山
三ノ岳の東北山麓にある。神間歩には銅鉱石を採取した3つの間歩、焼窯、祭祀を行った人工の洞穴などが含まれる。写真は祭祀の行われた洞穴で、普通これを神間歩と呼んでいる。大きさは高さ2m、幅2.5m、奥行き10m。現在は観光用に周辺が整備されているが中には入れない

水晶間歩
三ノ岳の北側斜面中腹にある。良質の水晶がとれたためこの名が付いたという。香春岳の銅山としては最大規模のもので、奥行き、高さとも30mを超えるドーム状の空間をもち、天井には2つの穴があいていて光が入っている。壁には濃い緑青が見られた。江戸時代以降に始まり、とびとびに稼行し昭和30年代まで続いた。最も多量に採掘したのは昭和20年代後半という

ズリネ鉱山
三ノ岳の南斜面中腹にあり西側にある宗丹間歩と並んでいる。10数箇所に坑口があるがこれはその1つ。スカルン鉱床で、黄銅鉱、黄鉄鉱、磁鉄鉱、輝水鉛鉱などを産出した。昭和初期に始まり30年代に終了した

宗旦間歩
三ノ岳の西山麓、三ノ岳直登コースの西側にある。江戸時代の博多の豪商であった神谷宗湛（宗旦）に由来するといわれている。10ケ所に坑口があるが写真はその最上部の2つ。比較的厚いスカルン鉱床で黄銅鉱、磁鉄鉱、硫砒鉄鉱、灰重石（タングステン鉱）などを産出し、自然銅や自然金も出たといわれる

横鶴鉱山

三ノ岳の西側山麓にある香春岳最大の鉱山。鉱脈が横に長く伸びていたのでこの名が付いたといわれる。横鶴鉱山では22箇所もの坑口が確認されているが、最大の特徴は露天掘りが盛んに行われたことである。スカルン帯は上磐の石灰岩と下盤の花崗岩との間にあって黄銅鉱、灰重石、黄鉄鉱、磁硫鉄鉱など多種多様の鉱物を産出した。明治年間から昭和30年まで採掘された
上２枚は古い坑口
右は坑道を示す

横鶴鉱山の露天掘り跡（上）と、
その壁についた緑青（右）

セルパ製錬所跡に残る鉱滓（こうさい＝からみ）。からみとは精錬の際にできた不純物のかたまったもので、ガラス状になっている

ざくろ石［石榴石］
Mg、Fe、Mn、Ca、Alなどを含んだケイ酸塩鉱物の結晶で、岩の表面にちりばめたように存在した。かつては大きな結晶が沢山あったという。硬度7とかたく研磨剤として使用されるし、美しい色のものは宝石になるが、香春岳のものは褐色である（1986.4.9　三ノ岳）

水晶
水晶は六角柱状をした石英の結晶である。写真は小さなものであるが、三ノ岳の水晶鉱山からは大きな良質の水晶が得られたといわれている
（1998.4.17　三ノ岳）

宗丹間歩の磁硫鉄鉱
スカルン鉱物で宗丹鉱山では黄銅鉱、黄鉄鉱、磁鉄鉱、硫砒鉄鉱などの鉱物と共に産出し、緑れん石、氷長石、輝沸石なども得られた
（1998.8.19　三ノ岳）

昔の香春岳の姿

昭和13年2月27日、福嶋一馬氏撮影の香春岳

福嶋一馬氏は福岡山の会の会員であった。昭和13年2月27日に同僚と共に一ノ岳に登った。糒（ほしい）駅から彦山川、金辺川を越え、夏吉から山付きの小道を中組へ、溜池の堤を通って貴船神社から四の谷の急坂を直登して山頂へ。そして二ノ岳との鞍部から神宮院へと下山した。この時の写真を生前にいただいた。当時の香春岳三山や一帯の風景、一ノ岳山頂の様子や植生、採石の始まった一ノ岳などが写っていて、非常に貴重な資料であるのでここに紹介させていただくことにした。

上＝彦山川を越えてしばらく歩き、道を北側に逸れて写した香春岳三山。一帯は広い畑地でまだ家はない

左＝今の吉田橋付近からの香春岳三山。金辺川に井堰があり、上流には夏吉橋が見える

中組の貴船神社から登山。南西尾根から一ノ岳山頂を望む。中央に山頂に向かう山道が見える。当時、一ノ岳上部では樹木はほとんど生えておらず、岩場以外の部分は丈の低いネザサの草地であったことがわかる

一ノ岳の山頂風景。山頂部は平地で、ネザサの少し混じった草地であった。石組の上に山王権現の祠があり、大きな岩がいくつか頭を出している。右奥には百葉箱のようなものと避雷針のようなものが見える。三王権現は明治34年に新しく祀られたものであり、現在は香春神社におろされている。またここにあった手洗鉢は香春小学校に移設された。香春岳のサルはこの三王権現の使者として月に1度、福智権現にお参りしていたという逸話がある

香春駅前から見た一ノ岳。石灰岩の採掘が始まって4年目の姿。駅前には人家がまばらにあり、奥には香春小学校が写っている。東斜面の高さ3分の1以上はネザサで被われている

一ノ岳と二ノ岳の鞍部から二ノ岳の西斜面を写したもので、手前の斜面はタゴ土塁の一部である。西側からの敵の侵入を防ぐための波状の堅堀がよく見える。土塁は今は無い。二ノ岳はほとんど岩場で禿山に近く、高木といえば上方に数本の松の木があるだけである

一ノ岳の変貌

一ノ岳では昭和10年に日本セメント香春工場が設立されて以来石灰岩の採掘が続いているが、昭和30年に山頂部から平に切り取っていく階段採掘法に切り替ってからは、山の高さが低くなっていく様子が外からもよく見えるようになった。491.8mあった山は現在240mくらいにまで低くなっている。

上は五徳から見た一ノ岳の西壁。右側からヤハズノ谷、クラ谷（削られている部分）、しらげ落し（1973.6）右は同じ場所から見た現在の状態。いかに山が低くなったかわかる（2014.12.9）

二ノ岳から見た一ノ岳の東斜面。山頂への道路ができ、山頂部は平になっている（1976.7）

二ノ岳山頂から見た一ノ岳山頂部。まだしらげ落し付近の岩が残っている（1978.10.7）

二ノ岳とほぼ同じ高さになった（1983.7）

二ノ岳東側上空からの一ノ岳（空撮）。道路が中腹を横切って、一ノ岳と二ノ岳の鞍部（タゴ）へ伸びている（1983.11.20）

二ノ岳山頂部観音岩から見た一ノ岳採石場全景（1991.4.21）

現在の状態。掘削面は標高約250m、二ノ岳よりはるか下方にある。広さは東西に約700m、南北に約850m（2014.4.1）

かいわい

香春神社の一ノ鳥居
昭和25年11月23日、24日、創建1,300年祭が盛大に行われた（2014.3.28）

山王石
昭和14年6月30日、一ノ岳上部の採石場から巨岩が転落してきて香春神社の境内に座った。これが山王石である（2014.3.28）

香春神社のおみこし巡幸。雨の中で行われた(2015.5.3、長畑にて)

陽春の採銅所駅付近から見る三ノ岳。採銅所駅舎はちょうど100年前の大正4年に建立された。現在も当時の姿を残す大変貴重なものである(1989.4.16)

二ノ岳馬の背上部からの鏡山、香春道の駅、小富士山、大阪山方面。
左上方に仲哀峠がある（2015.5.2）

2015年1月、セメント工場の解体が始まった。
左から6Kプレヒーター、7Kプレヒーター、7K煙突（2015.2.24）

解説・資料

シロバナハンショウヅル

香春岳の成立

　太古の大陸は今からは全く想像もできない形をしていた。古生代のゴトランド紀（4.4億年前・シルル紀ともいう）からデボン紀（3.6億年前まで）には日本列島のごく一部が古いアジア大陸に属していたと考えられるが、大半は海であった。石炭紀（3.6億年以降）に入ると海はさらに広がって陸地は海に沈んでしまった。当時、我が国は地中海を含む南部ヨーロッパから中国南部を通る帯状のテーチス海とよばれる海の東端に位置しており、この海にはサンゴ礁がよく発達していた。我が国は時間をかけてゆっくり沈降したため、海には砂や泥が厚く堆積した。そこに海底火山がいくつも噴出するようになり、そのまわりにサンゴ礁が形成された。また海にはウミユリ類、腕足類、アンモナイトなども多数生息していて、これらがもとになって石灰岩が生まれた。

　石炭紀の末期には大摺曲運動（だいしゅうきょくうんどう）（初期の秋吉造山運動）が起こり、日本の背骨となるべき大山脈ができた。平尾台の石灰岩は石炭紀と次の二畳紀（2.5億年前まで）にかけて形成されたものであるといわれる。この時期に形成された石灰岩の産地を西からあげると、①福岡県の平尾台・香春岳・船尾地区、②山口県の秋吉台・阿武地区、③広島県の帝釈地区、④岡山県の阿哲地区などとなっていて、大岩体をなしている所が多い。福岡県の苅田地区や大分県の津久見地区などは二畳紀とされている。非結晶質石灰岩からできている秋吉台石灰岩中の化石の研究から、石灰岩はサンゴ虫類、ウミユリ類、コケ虫類、石灰藻、フズリナ有孔虫類、小型有孔虫類などを中心とし、所によっては腕足類や軟体動物を加えた化石群集として構成されていることが明らかになっており、現地にほぼ近い場所で生物礁複合体の石灰岩塊として堆積したものということになっている。

　二畳紀から中生代の三畳紀前期にかけては秋吉造山運動と呼ばれる地殻変動が起こり、平尾台の石灰岩層を含む西日本の古生代の地層は隆起して陸化した。さらに中生代の白亜紀（1億4300万年－6500万年）後期には西南日本を中心とする大規模な火山活動が起こった。それにより平尾花崗閃緑岩の貫入が生じ、広範囲で熱変成作用が起こった。平尾台石灰岩層もそれにより結晶化し、生物の化石は消失した。石灰岩との接触部ではスカルン帯を伴った高温熱水鉱床ができた。後世において呼野・金辺峠付近や香春岳の二・三ノ岳などで有用鉱床として採掘

が行われた。

　花崗閃緑岩の貫入と時を同じくして活発な断層運動が起こった。その中の大きなものとして小倉－田川構造線がある。この断層により平尾台から切り離されて香春岳ができたとされる。夏吉や船尾山の石灰岩も花崗岩の貫入や断層または侵蝕により分断されたものである。

カルスト地形

　カルストの語源は「岩が多い」という意味で、石灰岩の露岩の多い地域に使われる。我が国では標準地として秋吉台カルスト、準標準地として平尾台カルストがあげられる。前者は非結晶質石灰岩、後者は結晶質石灰岩地に発達した地形である。

　香春岳に関係した浸食形態として、地上ではカッレン（Karren）やドリーネ（Doline）があり、地下には風穴がある。香春岳にはドリーネはないとされてきたが、近年それが発見された。しかし、まだ洞窟（鍾乳洞）は発見されていない。

　カッレンとは露岩表面の溝状構造のことで程度により条溝カッレン、微小カッレンなどがある。また石灰岩柱の林立した景観をカッレンフェルト（Karrenfeld）とよび、平尾台では珍しくないが、香春岳では三ノ岳の山頂に近い東側斜面に見られる。二ノ岳の稜線の馬の背や三ノ岳山頂部の巨石群もそれに相当する。

　香春岳や平尾台の石灰岩は結晶質石灰岩である。方解石の結晶は花崗岩に近い所ほど大きく、離れるにつれて小さくなるといわれる。大きな結晶は数cmにも達する。ほとんどは白色であるが、所によりうす紅色、青色、または黒色を呈する場所がある。

　結晶質石灰岩の頂部は結晶粒子が粗いために風化しやすく円くなっており、円頂ピナクルと呼ばれる。非結晶質石灰岩の秋吉台では岩の先はとがっておりナイフエッジになっている。また、岩の表面にできる溶食条溝や幅広で深い溶食溝などは結晶質石灰岩では発達が悪い。

　二ノ岳草原や三ノ岳草原と呼んでいる部分では、石灰岩を赤色古土壌が被っていて被覆カルストと呼ばれる。この赤土はかつては石灰岩残留土壌（テラ・ロッサ）と呼んでいたが、アルカリ性土壌ではないので石灰岩の風化土ではない。

■香春岳と平尾台の石灰岩の分析結果　　　　　　　　　　　　　組成単位；％

	サンプル数	CaO	MgO	Fe_2O_3	Al_2O_3	P_2O_5	MnO
石炭紀から二畳紀に形成された各地の石灰岩の平均値	892	55.05	0.43	0.05	0.05	0.027	0.008
香春地区	35	55.36	0.36	0.005	0.04	0.007	0.002
平尾台地区	22	55.32	0.39	0.014	0.06	0.007	0.015

（日本の石灰岩1983による）

石灰岩の成分と用途

　石灰岩は鉱物的にはカルサイト（方解石）、化学的には炭酸カルシウム（$CaCO_3$）からなり化学組成は CaO 56.03％、CO_2 43.97％である。

　石灰石はそれがつくられた地質年代によって成分組成が異なる。秋吉台、平尾台、香春岳のような古生代の石炭紀から二畳紀にかけて形成されたものは CaO が55％（$CaCO_3$ 98％）にも達し、最も良質とされている。

　上に香春岳と平尾台の石灰岩の分析結果をあげる。表でわかるように酸化マグネシウム以外の成分が低く純度が非常に高いことがわかる。セメント用原料には高カルシウム、低マグネシウム、ガラス用にはとくに低鉄質のもの、カーバイド用や製鉄、製銅用には低リン質の石灰岩が要求されるが、香春岳産の石灰石はどれにも向いている。前記の用途の外、石灰、製紙、タンカル、中和剤、石灰窒素、製糖、食品、ゴム、建材などに広く使用されている。

　日本セメント㈱香春工場の沿革は次頁の表のとおり。現在、香春鉱床の南部（一ノ岳、二ノ岳）は香春鉱業㈱が所有し一ノ岳で稼行中。北部（三ノ岳）及び岩屋鉱床の大部分は三井鉱山㈱が所有しているが未開発である。

香春岳三山の植生概要

　香春岳の植生については古い記録がいくつかある。

　『続日本後記』によると僧最澄が唐に渡るに際して香春神社に航海の安全を祈願した折、二ノ岳の東山麓にある直径一丈あまりの石灰岩（神宮院にある護摩石）の上で七昼夜「法華八講」の法会を行ったところ、岩が崩れ重なりあった草

■日本セメント㈱香春工場の沿革

年	事項
昭和10年	日本セメント㈱香春工場設立に伴い香春一ノ岳開発に着手（傾斜面採掘法採用）
昭和19年	グローリーホール採掘法採用
昭和30年	大坑井式階段採掘法採用（坑底クラッシャー設置による立坑投入方式）
昭和40年	東岳陽系統坑外二次破砕設備新設（能力19万t／月）
昭和48年	鉱山能力増強工事着工
昭和50年	同上完成（能力41万t／月）
昭和58年	340万t／年を生産
平成10年	秩父小野田㈱と合併して太平洋セメント㈱と改称
平成12年	香春太平洋セメント㈱として分社独立
平成16年	セメント製造を中止し石灰石の採掘のみを行うことになり、社名は香春鉱業㈱となった
平成27年	1月からセメント工場の解体が始まる

昭和58年までは日本の石灰石による

木の生えていない所にたちまち千草万木が繁茂した。このことがあってそこに法華院（神宮院）がつくられたという。このことから最澄の来た800年頃、香春岳にはあまり草木は生えておらず、荒々しい岩の肌がむきだしになっていた部分が多かったのではないかと想像する。

『豊前国風土紀』の逸文には「鹿春の郷の北に峯あり。頂に沼あり。周り36歩ばかりなり。黄楊樹(つげのき)生ひ、兼、龍骨(たつのほね)あり。第二の峯には銅并びに黄楊、龍骨等あり、第三の峯には龍骨あり」とある。

石灰岩地であるから一ノ岳の山頂に沼があったとは考え難いが、雨の降った時に水の溜まる窪地はあったかもしれない。龍骨とは石灰岩の露頭のことである。一ノ岳や二ノ岳の山頂部にツゲのあったことは考えられる。また二ノ岳には銅はほとんど無いので三ノ岳の間違いであろう。

本著では昭和13年2月に福嶋一馬氏の撮影した香春岳の貴重な写真を「昔の香春岳の姿」として載せている。一ノ岳の西南尾根から山頂を望む写真では、上部には樹木はほとんど生えておらず人のいる部分は丈のごく低いネザサの草原にな

っていて今の一ノ岳の植生とは全く異なることがわかる。次の一ノ岳山頂風景では山頂部は平坦で露岩は多くない。そこに山王権現の祠（これは現在香春神社におろされている）があり、付近には高さ１ｍあまりのネザサが少し生えているが樹木はない。次の一ノ岳と二ノ岳との鞍部から二ノ岳を写したものでは二ノ岳の西斜面の岩場はほとんど禿山でマツの高木が点々と生えている状態で、ここも現在の茂った姿とは全く違っていたことがわかる。香春岳では昭和から平成になって全山が樹木に被われてきた。

■植生概況

　福岡県の気候は標高700ｍまでが暖温帯に属し森林植生はシイ、カシ類を中心とする照葉樹林（常緑広葉樹林）であり、700ｍ以上は冷温帯気候で夏緑樹林（落葉広葉樹林）となる。香春岳は最も高い三ノ岳ですら511ｍしかないので全山が照葉樹林となるはずである。しかし地形地質上、西側斜面や稜線上はイワシデを中心とした夏緑樹林となっている。これは石灰岩地特有の珍しい植物群落であるからである。香春岳の自然植生は大まかに言うと西側斜面は夏緑樹林、東側斜面は照葉樹林ということになる。

■一ノ岳の植生

　一ノ岳はかつては標高492ｍの円錐形をした山であった。山頂部は比較的まるくネザサやススキの草地であった。

　一ノ岳の石灰岩の採掘は昭和30年頃までは傾斜面採掘法で行われてきたが、その後は山頂からの階段採掘法に代り、そのために二ノ岳に面した斜面に九十九折りの産業用道路がつくられ、自然は破壊された。残念なことに一ノ岳上部の地形や植生に関する詳しい調査資料は残されていない。

　殿町の上部斜面はクスノキやアラカシなどの高木からなる照葉樹林で樹木は積み重なる岩の間に生育し高さは18ｍに達する。標高200ｍに産業道路が水平に通っているが、それより下部は照葉樹の二次林、竹林、人工林などが入り混じっている。殿町の須佐神社の上方には香春岳城（鬼ヶ城）跡といわれる場所があり、人工的に造られた平地が数段あってクスノキ、タブノキ、ヤブツバキなどに被われている。

　かつて東斜面の上方、二ノ岳との鞍部に近い所には10本あまりのスダジイの高

木があった。スダジイは嫌石灰植物であるため、その存在は極めて異例で貴重なものであったが採石により消滅した。

南東部の香春神社にはイチイガシとクスノキを中心とした社叢がある。しかし背後はスギの人工林になっていて鎮守の森としての価値がなくなっている。

一ノ岳の南西山麓にある小岩ヶ鼻（通称ゲレンデ）

南部の中組に面した斜面にはかつて山頂部から鉤の手形に曲がって山麓に達するネザサの草地があったが、今は小灌木で埋っている。最下部の人家に近い所には小岩ヶ鼻と呼ばれる垂直な岩場があり、ここは岩登りの練習場として使用されていた。現在この岩場にはイワシデやオオコマユミなどの低木が生えている。これより上方の標高180m付近の岩場には分布上極めて珍しいイチョウシダがあり、またムクゲやモモが自生していた。しかし現在は鉱区のために入山できないので、どのようになっているかわからない。近年、南側山麓部はコナラ、クヌギが目立つようになっている。

西部の斜面は再び樹木に被われている。崖ではイワシデも見られるが、概ねヤブニッケイとアラカシからなる林分である。照葉樹林上部にはビワの多い部分があり、ビワは岩の割れ目に根を下している。斜面上方の崖には過去に沢山のツゲがあったとされている。地元の人によると昭和に入ってからも何本か大きな木があったということであるが、著者が確認できたのは直径約5cmあまりの木が1本あるだけであった。ここは非常に危険な岩場で、簡単に近づくことの出来ない所である。

西方の五徳側には「ヤハズノ谷」、「クラ谷」、「しらげ落し」などの歴史上または登山史上で有名な絶壁が連っている。崖の上方のイワシデ部分は削られて今はほとんどない。岩壁にはクスドイゲ、ビワ、カゴノキ、イヌビワなどの低木が散生し、イタビカズラ、テイカカズラ、キヅタ、ツタなどの木本蔓性植物が被っていたが、今では採石の影響もあって岩肌のむき出しになった部分が多くなった。

崖下に位置する真行寺の上方には石灰岩地としては珍しいスダジイ林が見られ

一ノ岳の西側山麓にある真行寺の上方では石灰岩の少ない所に嫌石灰植物のスダジイが生える（2015.5.2）

るが、ここは赤土が堆積していて石灰岩の影響をあまり受けない所である。

■二ノ岳の植生

　二ノ岳は三山の中で最も植物の種類が豊富な山である。山頂は一ノ岳に近い最も南側にあって標高468.2m。山頂には大きな岩があり、岩上からは一ノ岳や鏡山方面の眺めがよい。山頂より西方に約100mのところに千手観音の石像を安置した観音岩があり、眼下に一ノ岳や五徳谷、西方に牛斬山などを一望できる。

　二ノ岳の山上部の植生は、大きく山頂側の森林部分と北側のネザサ草原部分とに分かれている。山頂一帯はウラジロガシ林であり、山頂から北側におりた馬の背と呼ばれる岩場はイワシデ林である。ネザサ草原の西側斜面にもイワシデ林がある。斜面は東西とも森林である。東側斜面は傾斜がややゆるやかで土壌が比較的厚いためアラカシ、ヤブニッケイ、シロダモ、タブノキ、カゴノキ、ウラジロガシなどからなる照葉樹林で、斜面上部ではケヤキ、エノキ、ニガキ、ウリハダカエデなどの夏緑樹も混じる。所によってはアラカシ群落、ヤブニッケイ群落、タブノキ群落などが区別できる。山麓部は造林や竹林などでまとまりがない。東側斜面には大きな谷がないので境目なく三ノ岳へと続いている。

　西側斜面は東側斜面と全く様子が異なる。多くの部分が断崖絶壁で表土はなく、イワシデ、オオコマユミなどが岩上や岩の割れ目に生えており夏緑樹林である。

　二ノ岳と三ノ岳の間には谷があり二ノ岳と三ノ岳の境は明瞭である。そこをセメント会社の巡視道が通っている。巡視道は一ノ岳と二ノ岳の鞍部から二ノ岳の標高210m付近を巻いてきたもので、二・三ノ岳の鞍部から二ノ岳草原を縦断して馬の背の下から山頂へと伸びている。二ノ岳の西側をとりまく標高260mの巡視道から上方は全く人を寄せつけない大岩壁で、西日本最大のイワシデ林となっている。しかし岩壁の中心部である観音岩の鼻の南側の「アサガ谷」の谷筋ではヤブニッケイ、ウラジロガシ、カゴノキなどの照葉樹林が見られる。

かつて一ノ岳に面した南斜面には鞍部から直登できる道があった。鞍部の標高270mから330m付近までの急斜面は小低木をまじえた半草地状で、ヤマブキ、モモ、チョウジガマズミ、カラタチなどの木本植物やヒオウギ、ムラサキ、オキナグサ、ヒメアブラススキなどの草本植物の生える場所

一ノ岳から見た二ノ岳の東斜面。傾斜は比較的ゆるやかで照葉樹林となっている（1995.8.7）

であった。しかし、ここも現在は鉱山の関係で人は通れず情況はつかめていない。

　二ノ岳草原はもともとネザサ・ススキ草原であった。草本の高さは50cmと低くネザサにススキやチガヤが混ざっていた。ネザサは稈が細かったので板海苔を干すための簀の材料として豊前の人たちがよく刈りに来ていたものである。ネザサは1985年ごろから花が咲き始め２年後には全面で枯れてしまった。その後ネザサは３年ほどでおおむね回復したが、それまでの間、ベニバナボロギク、ヤマジノギク、ヒメヒゴタイ、シラヤマギクなどが生育し、お花畑のようになった所もあった。一方で小鳥がネザサの中に色々な樹木の種子を散布したことにより樹木が育ち始め、森林へと遷移が進行した。森林化は草原の中央を南北に通る巡視道の東側で著しく、樹木はすでに高さ８mに達している。先駆樹木の筆頭はカラスザンショウであった。それにアカメガシワやウリハダカエデが続いた。西側の一部では年２回ネザサを刈って樹木の侵入を押さえているが、ネザサの勢力は強く、減少させるまでには至っていない。草原は山焼きや草刈りをせずに放置するとたちまち森林に遷移してしまうということである。

■三ノ岳の植生

　三ノ岳は黄銅鉱をはじめ多くの種類の鉱物を産出してきた山である。採掘は奈良時代に始まり昭和時代まで断続的ではあるが続き、いたる所に鉱山跡の間歩があり、また不要な岩石を捨てた「ずり」がある。このようなことのために山の植生は攪乱され全くまとまりがない。山麓部はスギやヒノキの造林や竹林となって

いる。

山頂のすぐ東側の斜面には石灰岩柱の立ち並んだカッレンフェルトがある。ここには以前、目立った樹木はなかったのであるが、今はほとんど低木に被われてしまった。ここから東南東に向かっては広い範囲にいわゆる三ノ岳草原が広がっていた。ここも1987年頃のネザサの枯死以降樹木が侵入し今は低木林になっている。

三ノ岳の岩登りコースは名の通り岩をよじ登らなければならない急な斜面であるが、ここにはイスノキを伴ったイワシデ林がある。イスノキは乾いた岩場を好む高木であるが、ここではまだ若く大径木はない。宗旦間歩に近い下方に多く、上方になるにつれて少なくなるが木は上方の方が古い。イワシデは上方になるにつれて多くなる。

三ノ岳岩登りルートのイワシデ林内のイスノキの高木（2015. 7. 25）

山頂部では巨岩が南北に並んでいる。珍しい植物にカワラナデシコ、リンドウ、カラタチ、ヘビノネゴザなどがある。また、山頂部の東側の岩間にはヤブレガサ、南側にはミヤマイラクサがあるが、照葉樹の陰になり減少している。

山頂より北側に伸びた稜線上には小範囲ではあるがアカガシがある。標高480mの所にあって、福岡県下でもアカガシがこのような低い所にあるのは珍しい。

二ノ岳での自然環境を守る活動

■ 好石灰植物の保全

馬の背下部地域は陽光の地で露岩が多い。樹木は高く伸びず、イワシデ、イワツクバネウツギ、イブキシモツケ、トベラ、コバノチョウセンエノキ、メギ、チョウジガマズミ、ヤマカシュウ、ホウライカズラなどの好石灰植物は矮化した状態で生育しており、種類の多さから、さながら好石灰植物の見本園ともいえる場所である。ところが近年、地球温暖化の影響のためかタブノキ、ヤブニッケイ、

ヤブツバキなどの照葉樹が急速に成長して枝を広げ、陰をつくったことで以上のような陽性の好石灰植物が次々に枯れ始めた。特にヒメウツギやイブキシモツケなどの岩上や岩の割れ目に生える種類への影響が大きかった。

そこで香春町の産業振興課と香春 道草の会では香春鉱業に相談して2013年より照葉樹などの伐採を始めた。そのことにより、これまでに失われたものは仕方ないとしても、弱ったイブキシモツケなどは再び元気をとり戻し、2015年には花を付けるようになり、成果をあげている。

二ノ岳草原でのネザサ刈り（2015.1.20）

■ 草原の維持

上記の好石灰植物の保全地域と同様に、草原への樹木の侵入を防ぎ、ネザサの繁殖を抑え、できれば草原に山野草をよび戻したいということで、二ノ岳草原の2箇所を選んで活動を行っている。

1箇所は二ノ岳と三ノ岳の鞍部近くにある人桝遺跡で、侵入した樹木やネザサを刈ることで、秋にはキセワタ、シマカンギク、ヤクシソウ、ヤマハッカ、ノコンギク、ヒメムカシヨモギ、アキノキリンソウ、オトギリソウなどが見られるようになっている。

もう1箇所は巡視道より西側にある人桝遺跡一帯でのネザサ刈りである。2012年から年2回行っているが、高さ1m以上あったネザサを50cmにまで低くすることはできているものの、あまりにもネザサの勢いが強いために、密度を小さくするには至っていない。それでも少数ではあるがヒメヒゴタイ、オトコエシ、オミナエシ、シラヤマギク、サワヒヨドリ、ヤマハッカ、ヒキオコシ、オドリコソウ、オカトラノオ、アキノキリンソウ、サイヨウシャジン、ノコンギク、キセワタ、ヤナギアザミなどの山野草を見ることができるようになっている。

2015年5月2日の道草の会との調査では草原西側のネザサの比較的少ない部分でタカサゴソウ、ツチグリ、キジムシロ、ヒメハギ、フデリンドウ、センボンヤリの開花が見られ、オカトラノオ、アキカラマツ、ヒキオコシ、サイヨウシャ

道草の会主催、秋の紅葉ハイキング受付風景
(JR採銅所駅にて、2011.11.27)

ジン、ヤマハッカ、シマカンギク、ヒオウギなどの生育が確認された。

■ 香春 道草の会について

昭和40年代に田川高等学校の生物部員であった原田忠、正蔵寺秀昭氏らが中心となって平成18年に設立した自然保護団体で、筆者は顧問として参加している。

香春町内の山々にハイキングコースを開拓整備し、また自然保護活動や自然観察会などを行うことを目的としている。

平成19年には採銅所の鮎返を基点として新城－茶臼山ルートを、次いで茶臼山から両貝権現・金満山を経て焼立山に至る金満ルートを整備し、さらに鮎返新道を開設した。

平成20年から21年にかけては香春道の駅－小富士山－愛宕山－湯山ルートを開設した。山のルートや活動状況などはマスコミや山の雑誌などで紹介され、春の愛宕山－小富士山ルートでの桜観登山会、秋の金満ルートでの紅葉登山会には毎回多くの登山者が参加している。以上のような活動のほか香春岳では好石灰植物や草原の保全、英彦山ではブナの植樹や希少植物をシカの食害から守る活動に尽力し、自然保護に広く関っている。

設立して10年、現在の会員は約40名、町外の人も多く参加している。県内では最も地道に活動し行政や一般市民のために貢献している団体である。

会員の中に日本自然協会の自然観察指導員が2名いるのも強みである。

香春岳の植物の多様性

香春岳は南北に約3.5km、東西に約2.0km、周囲約9kmの小さな山でありながら、鍋島与市の香春岳産植物目録（1930）では1050余種、大内準の香春岳植物目録（1970－72）では、シダ植物以外の維管束植物は種・変種・品種などを合わせて、シダ植物80種、裸子植物7種、合弁花類の木本60種、草本273種、離弁花類の木

本272種、草本264種、単子葉類253種、合計1209種もの植物が記録されている。この数は周辺の山の約2倍に相当する。

　これらの植物の中には好石灰植物とよばれる石灰岩地特有の植物のほか、太古に我が国が大陸と陸続きになっていた時代に分布してきた大陸系の遺存植物や北方系の植物、また内陸でありながら隔離された形で分布している沿海性の植物などがあり、周辺の花崗岩質や三郡変成岩質の山などでは見ることのできない種類が多数生育していることが香春岳の素晴らしいところである。

　種多様性の要因としては、化学的には土壌中のCa濃度が高く、逆にMn、Fe、Alなどの成分が極端に少ないなどのために一般の植物は育ちにくく生育できる種類が限られること、土壌が非常に乾燥するので乾燥に耐えられる種類に限られ、湿性の植物は育ち難いことなどがあり、物理的にはカッレンフェルトなどの露岩地、大規模な崖地、露岩の多い急斜面、巨岩の岩上や側面、被覆カルスト部分など、それぞれの部分で日照、風当り、湿度などからくる微気候の差異のあることがあげられ、生態的にはイワシデ群落、アラカシ群落、ウラジロガシ群落などの石灰岩地特有の群落はそれぞれに構成種を異にしていることなどがあげられる。このような環境の多様性が種の多様性を生んでいるといえる。

■好石灰植物（香春岳に生育する植物のみ）
①石灰岩との結びつきが特に強い種類で石灰岩上にのみ生育している種類
　モンモウワラビ、キドイノモトソウ、イチョウシダ
②県内では石灰岩地のみに生育している種類
　イワシデ、チョウジガマズミ、イブキシモツケ、（アサマ）ツゲ、ヒメウツギ、オニシバリ、ミツバベンケイソウ、カラタチ、シロバナハンショウヅル、バイカウツギ、キビノクロウメモドキ、イワツクバネウツギ、ムラサキ
③石灰岩地に卓越した種類（石灰岩地に特に多い種類）
　カヤ、アラカシ、コバノチョウセンエノキ、アオガシ(ホソバタブ)、カゴノキ、メギ、ナンテン、サンショウ、フユザンショウ、(オオ)ツヅラフジ、ビワ、モモ、ヤマブキ、ニガキ、コショウノキ、ウラギンツルグミ、クマノミズキ、オオコマユミ、コマユミ、マルバアオダモ、ホウライカズラ、ヤマカシュウ、コメガヤ、チョウセンガリヤス、オオハンゲ、ホソバヒカゲスゲ、ミヤマイラクサ、シュウメイギク、スズシロソウ、ヤブレガサ、シマカンギ

ク、ヤマシロギク、バイカイカリソウ、クモノスシダ、ツルデンダ、ビロードシダ、コバノヒノキシダ、ヒラオヤブソテツ、オオキヨズミシダなど

■沿海性の植物で香春岳に隔離分布している種類
東南アジアや琉球列島などから黒潮や対馬暖流にのって北上してきたもの。
バクチノキ、カカツガユ、クスドイゲ、ムクロジ、トベラ、フヨウ、ムクゲ、モロコシソウ、ムサシアブミ、フウトウカズラ、（ホルトノキ）など

■嫌石灰植物
石灰岩地を嫌って生えない植物で、周辺の山にはあるが香春岳にはない種類をあげた。
ヤマツツジ、コバノミツバツツジ（ツツジ科ツツジ属）、スダジイ、ツブラジイ（ブナ科シイ属、一ノ岳が削られる前、二ノ岳との鞍部近くにスダジイの大木が10本あまりあり貴重な存在であった。そこは表土が深かったからと思われる）、サカキ（ツバキ科）、シキミ（シキミ科）、ハイノキ（ハイノキ科）など

■満鮮系の植物
北部九州は最終的には２万年前頃まで陸続きであったので朝鮮半島や中国北部に中心をもつ植物が分布し、現在遺存植物として残っている。香春岳にとってもっとも重要な要素である。
イワシデ、チョウジガマズミ、コバノチョウセンエノキ、イワツクバネウツギ、キビノクロウメモドキ、イブキシモツケ、ヤマブキ、チョウセンガリヤス、ヤマカシュウ、ノヒメユリなど

■北方系の植物
北海道、樺太、千島などの亜寒帯気候の地に多く生育している種類で、我が国が冷涼な気候であった時代に南下してきたもの。
ミヤマイラクサ、ミツバベンケイソウ、ムラサキ、イガホオズキ、ホオズキ、スズサイコ、ヒメヒゴタイ、ヤブレガサ、コメガヤ、ヘビノネゴザ、クモノスシダ、ツルデンダなど

西日本におけるイワシデの分布とイワシデ群落

　イワシデはカバノキ科の樹木で乾燥した岩場に生え、コシデともよばれる。

　イワシデはもともと大陸の植物であって分布の中心は中国北部、ことに山東・河北地方にあって大陸と我が国が陸続きであった時代に分布を広げたものである。現在陸地の部分でいうと朝鮮半島南部、チェジュ島、対馬などを経由して九州地方へ、そして中国地方や四国地方へと広がったと思われる。九州地方では長崎県、福岡県、熊本県、大分県、中国地方では広島県と岡山県、四国地方では全県に、そして香川県の小豆島が東限となっている。生育地の大半は石灰岩地であるが、安山岩質集塊岩や玄武岩に生えている所もある。垂直分布では平戸島の海抜約50mから四国山地の黒滝山の1460mまであり分布の幅が広い。

■我が国のイワシデ林

　我が国のイワシデ群落については山中（1965）の「日本のイワシデ群落」と宮脇（1981）の「日本植生誌・九州」に詳しくまとめられており香春岳のイワシデ林についても言及している。

■石灰岩地のイワシデ群落

　石灰岩地帯のイワシデ群落はイワツクバネウツギ－イワシデ群集にまとめられる。組成的には地域差があるが、全体にまとまりをつくっているのはイワシデとイワツクバネウツギの組合せである。本群集はさらに構成種のちがいによりチョウジガマズミ亜群集、ホソバシュロソウ亜群集、シロバナハンショウヅル亜群集に分けられる。

　①チョウジガマズミ亜群集

　中国地方の阿哲地域（新見、阿哲、川上、帝釈）に特有のもので、識別種としてチョウジガマズミ、バイカイカリソウ、イタヤカエデ、タイシャクイタヤ、チトセカズラ、ヤマトレンギョウ、ネズ、アベマキ、チョウジザクラ、トリガタハンショウヅル、ジュウニヒトエ、イヌヨモギ、ツメレンゲなどがあげられ、固有種も多い。

　②ホソバシュロソウ亜群集

四国地方の高知県の石立山周辺、鳥形山、黒滝山などの標高850－950mの高地に見られるイワシデ群落でヤマシャクヤク、キリンソウ、ミヤマママコナ、キヌタソウ、リュウノウギク、ホソバシュロソウなどを識別種としている。

③シロバナハンショウヅル亜群集

　福岡県の香春岳、平尾台、福智町の広谷竜ケ鼻、熊本県葦北町銅山、四国地方の標高850m以下の低地に見られる群落で、好石灰植物のシロバナハンショウヅルの存在がいちじるしく、アラカシ、クスドイゲ、ネズミモチ、トベラなどの常緑樹を多くまじえており、さらに海岸植物が内陸まで分布しているのが特徴である。

　香春岳に見られる本群集の識別種はシロバナハンショウヅル、ネズミモチ、カゴノキ、クスドイゲ、トベラ、イヌビワ、ウラジロガシ、(オオ)ツヅラフジ、アオツヅラフジ、ヤブコウジ、オオハンゲなどであるが、香春岳ではホウライカズラの多いのが特徴である。

　香春岳や平尾台のイワシデ群落にはチョウジガマズミやバイカイカリソウはあるものの、その他の識別種で中国地方と重なるものはなく、中国地方との関連はうすいといわざるをえない。一方四国地方低地のイワシデ林とはシロバナハンショウヅル、クスドイゲ、カゴノキ、トベラ、ウラジロガシ、オオハンゲなどの存在や、モロコシソウ、ムサシアブミ、カカツガユ、フウトウカズラ、ムクロジなどの海岸植物の多いことなどから関連が強い。

■非石灰岩地のイワシデ群落

　安山岩質集塊岩や玄武岩などの石灰岩以外の土地に見られる群落で、イワシデ林の相観はイワツクバネウツギ－イワシデ群集と同じであるがツシママンネングサ、ウンゼンマンネングサ、イワヒバ、ホソバヒカゲスゲなどを標徴種および識別種とするツシママンネングサ－イワシデ群集にまとめられる。本群集は地域性や構成種より、チョウセンヤマツツジ亜群集とトベラ亜群集にわけられる。

　チョウセンヤマツツジ亜群集の区分種はゲンカイツツジ、チョウセンヤマツツジ、ケイリンギボウシ、シマトウヒレン、ナガバノコウヤボウキ、アカガシ、コバノミツバツツジ、ソヨゴ、キハギなどで、対馬の白岳に見られる。

　トベラ亜群集はブゼンノギク、コックバネウツギ、ダンギクなどが区分種で、平戸島の志々岐山、屏風岳などの露岩地に見られる。また山中（1965）は小豆

島のイワシデ林をコウヤボウキ、イワデンダ、アオウシノケグサなどの存在によりイワガサ亜群集としている。

イブキシモツケ－イワシデ群団

イワツクバネウツギ－イワシデ群集とツシママンネングサ－イワシデ群集は基岩は異なるもののイワシデに伴われてイブキシモツケ（所によってはイワガサ）があること、乾燥した露岩地に形成された極相に近い林であること、林内には遺存的な植物や不連続的な分布を示す種類が多いことなどの共通点があり、イブキシモツケ－イワシデ群団にまとめられる。

群団標徴種はイワシデ、イブキシモツケ、オオコマユミであるが、宮脇(1981)はさらにマルバアオダモとフユザンショウを加えている。

イワシデはオオコマユミとの結びつきが非常に強い。香春岳にはコマユミもあるが、これはどちらかというと草原の縁や林縁部によく現われ、高さは2m内外であるのに対し、オオコマユミはほとんどがイワシデ林内にあって、高さは3m以上に達する。

香春岳の植物群落

香春岳の自然林は現在のところイワシデ群落（二ノ岳および三ノ岳）、アラカシ群落（二ノ岳）、イワシデ・アラカシ群落（二ノ岳）、ウラジロガシ群落（二ノ岳）、タブノキ・クスノキ群落（一ノ岳および二ノ岳）などに区分することができる。

■**イワシデ群落：植生調査地点及び周辺の環境**（イワシデ林の組成表参照）
①二ノ岳草原西斜面（コドラート№1）
1970年代の前半までは高さ1.5mあまりのイワシデやオオコマユミの生える低木林であったが、その後急速に生長し範囲も拡大されて今では1haあまりの林になった所である。傾斜は約40度、露岩70％、大岩が累積している。イワシデは10m×10mの方形区内に5－9株あり、高さは6mで幹は基部から多数出て斜上している。この林分にはチョウジガマズミやバイカウツギが多い。東側のネザ

サ草原と境する稜線部にはコバノチョウセンエノキ、キビノクロウメモドキ、トベラ、チョウジガマズミ、メギ、フナバラソウなどが生育している。

調査地内のイワシデの数は大株3、中株2で、大株の中の1株での幹の数は17本で、それぞれの太さは地上1ｍの所で（直径cm×本数）20×1、18×1、14×1、12×2、10×1、9×1、7×5、6×1、4×1、3×2、2.5×1であった。このことは外側に次々に新しい側芽を形成しそれが生長する性質があることを示している。根まわりは298cmであった。

②二ノ岳馬の背下段西斜面（コドラートNo.2）

西斜面の最も崖になっている部分で稜線から約10m下で調査した。傾斜50度、露岩60％、調査地内のイワシデは12株でその中の最も大きな株の幹の数は大小25本で根まわりは255cmであった。しかし、ここでは全ての株が幹を多数出しているのではなく、1本立ちから4本立ち程度の株もあり、これらの幹は直上している。一帯にはヤマブキが多くあり、岩上にはイブキシモツケが多いのが特徴である。稜線上にはイワシデをはじめイブキシモツケ、メギ、コバノチョウセンエノキ、イワツクバネウツギ、ギビノクロウメモドキ、シロバナハンショウヅル、ヤマカシュウ、サンショウ、オオコマユミなどの好石灰植物が多い。

③馬の背上段（コドラートNo.3・4）

稜線上は背骨のように縦に巨岩が立ち並んでいる。稜線の長さは約150m、人の立ち入りの難しい危険な稜線である。稜線の東側は高さ5-10mの崖となって切り落ちており、岩下にはイワシデ、マルバアオダモ、ニガキ、ハマクサギなどが見られる。西側は露岩の多い緩斜面でウラジロガシ林となっている。稜線上では岩と岩の間に低木のイワシデ、コバノチョウセンエノキ、イワツクバネウツギ、オオコマユミ、チョウジガマズミ、マルバアオダモ、ニガキなどの好石灰植物があり、巨岩上にはイブキシモツケやコバノヒノキシダなどが生える。ウラジロガシ林との境界付近ではウラジロガシ、ヤブニッケイ、カヤ、イヌガシ、ネズミモチ、シロダモなどの照葉樹の常在度が高い。

④二ノ岳西壁上部（コドラートNo.5）

二ノ岳の西壁は我が国有数のイワシデ林となっている。崖地は垂直に近く高さは約250m。最上部には千手観音像が安置されており、一帯は観音岩と呼ばれている。大岩のために植物のあまり育たない部分が広いが、植生調査はこの観音岩の直下の樹木のある部分で行った。崖での移動は岩と木を伝って行わなければな

らない。イワシデはちょっとした岩の割れ目にへばりつくように生えている。イワシデに次いでオオコマユミの被度が高く、ほかにコバノチョウセンエノキ、キビノクロウメモドキ、イワツクバネウツギ、イブキシモツケ、チョウジガマズミ、カゴノキ、クスドイゲ、シロバナハンショウヅルなど主要な好石灰植物がそろっている。また、イヌマキの多いのも特徴である。

二ノ岳の東側斜面の様子。傾斜は比較的緩く樹木に被われている (2014.11.15)

⑤三ノ岳南西斜面上部（コドラートNo.6）

　三ノ岳の岩登りコースの最上部、山頂から約70m下を調査した。岩登りコースにはイスノキが多くあり、イスノキを伴なったイワシデ林ともいえる。イスノキは下部に多いが大径木は上方にある。岩場できびしい環境下にあるために高木はない。調査地はほぼ垂直の崖地で登山道にはロープを垂したりしている。イワシデの幹は谷側に差し出す形に伸びている。方形区内には10数本あったが大きさは直径10－15cmの比較的小さなものであった。イワシデに次いでウラジロガシ、イワツクバネウツギの被度が高く、ほかにヤマブキ、ヒメウツギ、オオハンゲなどが見られた。

■アラカシ群落（ナンテン－アラカシ群集）

　ナンテン－アラカシ群集（山中1966）は西日本の石灰岩地に見られる群落で、大分県や熊本県にすぐれ林があると言われている。本群集はアラカシ、ビワ、クスドイゲ、ナンテンによって特徴づけられる照葉樹林である。香春岳では二ノ岳の東側斜面の標高260mから330m付近に分布している。かつては神宮院の上部の標高120m付近から上にあったと思われるがそこは伐採されてスギの造林になっている。現在存在するアラカシ林も一度伐採されたあと蘇った二次林である。地形は約40度の急傾斜地で露岩は下部に少なく上部に多い。

　群落の第1層の高木層は高さ13mでアラカシのほかタブノキ、ヤブニッケイ、

■香春岳のイワシデ林の植物組成表
イブキシモツケ-イワシデ群団
　イワツクバネウツギ-イワシデ群集
　　シロバナハンショウヅル亜群集

方形区番号			1	2	3	4	5	6	
調査地			二ノ岳草原西斜面	二ノ岳馬の背下部	二ノ岳馬の背中部	二ノ岳馬の背上部	二ノ岳西壁上部	三ノ岳西斜面上部	
高度（m）			415	414	450	460	455	490	
方位			W	W10N	N	N10W	W	W30N	
傾斜（°）			40	50	25	30	80	80	
調査面積（㎡）			10×10						
出現種数			48	46	35	28	35	36	
植被率（％）	亜高木層（T'）		100	100	50	50	100	100	常在度
	低木層（S）		30	40	30	50	40	20	
	草本層（H）		8	30	20	30	40	90	
植物高（m）	亜高木層（T'）		6	7	4	5	4	4	
	低木層（S）		3	3	2	2	2	2	
	草本層（H）		1	1	1	1	1	1	
イワツクバネウツギ-イワシデ群集および シロバナハンショウヅル亜群集標徴種および区分種									
シロバナハンショウヅル	S H		+	1	+	1	+	1	V
ヤマシロギク	H		+	+	・	+	+	2	V
ヤブニッケイ	T' S H		+	1	+	+	+	・	V
イワツクバネウツギ	S H		+	・	+	2	+	1	V
チョウジガマズミ	S H		1	+	・	+	+	・	Ⅳ
ヤマブキ	H		+	2	・	・	+	+	Ⅳ
ツタ（ナツヅタ）	H		+	+	・	・	+	+	Ⅳ
バイカウツギ	S H		1	+	+	・	・	・	Ⅲ
ヤマカモジグサ	H		+	・	・	・	1	・	Ⅲ
イタビカズラ	S H		+	・	・	+	・	+	Ⅲ

イブキシモツケーイワシデ群団標徴種および区分種								
イワシデ	T' S H	5	5	3	3	5	5	V
オオコマユミ	T' S H	2	1	+	+	2	+	V
イブキシモツケ	S H	・	+	・	+	+	・	Ⅲ
マルバアオダモ	T' S	・	+	1	1	+	・	Ⅲ
フユザンショウ	S H	・	+	・	・	+	+	Ⅲ
好石灰植物および岩角地植物								
ホソバヒカゲスゲ	H	+	+	・	+	+	+	V
コオニユリ	H	+	+	+	+	+	・	V
ヤマカシュウ	H	+	+	・	+	+	・	V
ウラジロガシ	T' S H	・	・	1	1	1	2	Ⅳ
イヌビワ	S H	1	+	+	+	・	・	Ⅳ
コバノチョウセンエノキ	T' S	・	+	+	+	+	・	Ⅳ
カゴノキ	S H	+	1	+	+	・	・	Ⅳ
サンショウ	S	・	1	+	・	・	+	Ⅲ
トベラ	S H	+	+	+	・	・	・	Ⅲ
キビノクロウメモドキ	S H	+	・	+	・	1	・	Ⅲ
カヤ	T' S	・	+	+	+	・	・	Ⅲ
オオハンゲ	H	+	+	・	・	・	+	Ⅲ
ヒメウツギ	H	・	・	+	・	・	+	Ⅱ
メギ	H	+	+	・	・	・	・	Ⅱ
コバノヒノキシダ	H	・	・	+	+	・	・	Ⅱ
オオツヅラフジ	S H	・	+	・	・	・	+	Ⅱ
スズシロソウ	H	・	・	+	・	・	・	Ⅰ
ホウライカズラ	H	・	・	・	+	・	・	Ⅰ
コショウノキ	H	・	・	・	・	+	・	Ⅰ
クスドイゲ	S	・	・	・	・	+	・	Ⅰ
伴生種								
ネズミモチ	T' S H	+	+	+	+	+	+	V
ニガキ	T' S	+	+	+	+	1	・	V

種名	階層								常在度
イヌガシ	T' S		+	+	+	+	+	・	V
シロダモ	T' S H		+	+	+	+	・	+	V
ヤブラン	H		+	1	+	・	+	+	V
ヤマコウバシ	H		+	+	・	・	+	+	Ⅳ
ススキ	H		+	+	+	+	・	・	Ⅳ
ヘクソカズラ	H		+	+	・	・	+	+	Ⅳ
アキカラマツ	H		+	+	+	+	・	・	Ⅳ
クマワラビ	H		・	・	+	+	+	+	Ⅳ
ナキリスゲ	H		+	+	・	・	+	+	Ⅳ
ミヤマウグイスカグラ	S H		+	+	・	・	+	・	Ⅲ
ケカマツカ	S H		+	+	・	・	・	+	Ⅲ
ウラジロノツルグミ	S H		+	+	・	・	・	+	Ⅲ
ヤマハッカ	H		+	+	・	・	+	・	Ⅲ
ナガバジャノヒゲ	H		・	+	・	・	+	+	Ⅲ
イヌマキ	T' S		・	・	・	+	1	・	Ⅱ
ガマズミ	S		+	・	+	・	・	・	Ⅱ
ヤマガキ	T' S		+	・	+	・	・	・	Ⅱ
ヤブコウジ	H		+	1	・	・	・	・	Ⅱ
シマカンギク	H		+	・	・	・	・	+	Ⅱ
サルトリイバラ	H		+	・	・	・	・	+	Ⅱ
シュンラン	H		+	+	・	・	・	・	Ⅱ

常在度1の種類
1 ムラサキシキブS、イボタノキS、ツルウメモドキSH、イノモトソウH、ネザサH、ナルコユリH
2 ナワシログミH、エノキH、ヤマノイモH、ナガバタチツボスミレH
3 アオツヅラフジH、ヤクシソウH、センボンヤリH、コバノヒノキシダH
4 ヤブツバキS、ハマクサギS
5 クスドイゲS、クマノミズキS、ヒヨドリバナH、ヌルデH
6 ヤマフジS、チヂミザサH、キクバドコロH、オニドコロH、ホソバカナワラビH、イスノキT'

調査年月日　1・2：2014.5.29
　　　　　　3 - 5：2014.6.24
　　　　　　6　　：2014.7.24

群落の標徴種、区分種は宮脇昭編著『日本植生誌 九州』(1981)による

常在度　Ⅴ：80 - 100%　　　被度階級　5：1 - 3/4　　　T'：亜高木層　植物高6 - 3 m
　　　　Ⅳ：60 - 80%　　　　　　　　　4：3/4 - 2/4　　S：低木層　　植物高3 - 1 m
　　　　Ⅲ：40 - 60%　　　　　　　　　3：2/4 - 1/4　　H：草本層　　植物高1 m以下
　　　　Ⅱ：20 - 40%　　　　　　　　　2：1/4 - 1/20
　　　　Ⅰ：1 - 20%　　　　　　　　　 1：1／20以下
　　　　　　　　　　　　　　　　　　　+：僅少

シロダモ、エノキ、ケヤキ、ムクノキ、クスノキなどがあり、第2層の亜高木層にはアラカシ、ビワ、トベラ、ヤブツバキ、クスドイゲ、カキ、カゴノキ、イヌガヤ、ホソバタブなどがある。標高が高くなるにつれ夏緑樹が増え、イワシデも現れる。群集標徴種はアラカシ、ナンテン、ビワ、クスドイゲ、トベラ、ヒメカナワラビである。好石灰植物としてはイワシデ、オニシバリ、カヤ、コバノチョウセンエノキ、バイカウツギ、ヤマブキ、シロバナハンショウヅル、カラタチ、ホウライカズラ、オオコマユミ、キビノクロウメモドキ、カゴノキ、サンショウ、コショウノキ、オオツヅラフジ、ムクロジ、ミツバベンケイソウなど多くの種類が見られる。この林分には蔓性植物の多いのが特徴でヤマフジ、ムベ、オオツヅラフジ、ツルウメモドキ、ヤマイバラ、キヅタなどが、時に高木までのぼっている。群落内にはすでにタブノキやクスノキなどの照葉樹のあることから早晩クスノキを伴ったタブノキ林に遷移するものと見られる。

■アラカシーイワシデ群落

イワシデとアラカシの共存する群落で二ノ岳の馬の背稜線の東側崖下や中腹の一部に見られる。アラカシは一般の山にも多く生育しているが、先のナンテン−アラカシ群集が示しているように好石灰植物にあげられている。イワシデとアラカシが共存する範囲は狭いがこの中にはアラカシ林要素としてのナンテン、ビワ、トベラ、クスドイゲ、ヒメカナワラビなどと、イワシデ林要素のオオコマユミ、イワツクバネウツギ、マルバアオダモ、ニガキ、シロバナハンショウヅル、ヤマブキなどがあり、サンショウ、コショウノキ、カヤ、キドイノモトソウなどの好石灰植物も生育している。

馬の背直下の調査地には香春岳では最大と思われる直径15cm、高さ4mのクスドイゲがあり、近くには直径7cm、高さ3mの木もあった。クスドイゲは二ノ岳の西側の岩壁などにもあるが小さいものがほとんどである。

■ウラジロガシ群落

二ノ岳の馬の背の稜線より西側の緩斜面一帯と山頂部の平坦地の約2haに広がっている。文殊菩薩像から山頂まではセメント会社の巡視道がこの群落の中を通っている。しかし遺構の発掘により跡切れた部分がある。

ウラジロガシ林は照葉樹林である。今から70年以上前の終戦前に軍の指示によ

り伐採し木炭を焼いて供出したことがあったと聞いている。その後に回復した二次林である。そのためにかなり攪乱された群落になっている。ただ山中二男（1971）が四国南部の石灰岩地で発表したウラジロガシ－カヤ群集がウラジロガシ、カヤ、カゴノキなどを標徴種としているところから、それに近いものではないかと考えている。馬の背の西側斜面は露岩が多いが山頂では少ない。

　高木層は高さ8－15mでウラジロガシを優占種としてアラカシ、カゴノキ、ヤブニッケイ、タブノキなどの照葉樹にウリハダカエデ、エゴノキ、クマノミズキ、イヌシデなどの夏緑樹が混ざり、亜高木層、高さ3－8mにはヤブツバキを中心にホソバタブ、イヌガシ、シロダモ、イヌマキ、カヤ、ユズリハ、ヤマボウシなどがあり、低木層、1－3mにはアオキを中心にネズミモチ、ヒサカキの常在度が高く、草本層にはヤブコウジ、ヤブラン、ナガバジャノヒゲ、フユズタ、テイカカズラが常在的である。しかし、高木層と亜高木層の被度が高いので林内の光の通りが悪く低木層以下は貧弱である。

　ウラジロガシには直径80cm、高さ18mに達するものがある。また林内にイヌガシの多いのが特徴である。

■ **タブノキ群落**

　昔、神宮院の上方から二ノ岳草原の南端に登る道があった。斜めに急斜面を登りきるとやや平坦な道になり、右手に少し湿気のある谷間があって、ムサシアブミ、ハンカイソウ、タニギキョウ、サイハイランなどを見ることができた。しかし、今は樹林で埋っている。草原の端までの一帯はタブノキ群落で、所によってはクスノキを交えている。また照葉樹林は夏緑樹林から遷移したものであるからこの林の中にはまだカラスザンショウやアカメガシワなどの大木が残っている。

　谷間の標高380m付近の斜面の10m×20mの方形区では高木層は高さ15mでタブノキが優占し、胸高周囲80cm以上が8本あり最大は215cmであった。被度ではタブノキに次いでカラスザンショウ、クスノキ、アカメガシワ、カゴノキ、イヌガシ、シロダモと続き、亜高木層は高さ8－3mでイヌガシ、カゴノキ、タブノキ、サンゴジュ、シロダモがあった。低木層は上層が充実しているために発達していない。アオキが優先しほかにカゴノキ、ヒサカキ、イヌガシ、イヌビワ、ネズミモチ、ヤブニッケイなどがあった。草本層は林床がうす暗いためにほとんどなく、アオキのほかシロダモやヒサカキの幼木、フモトシダ、ベニシダなどであ

った。
　香春岳の東側斜面の植生は稜線のイワシデ部分を除き早晩このようなタブノキにクスノキを交えた照葉樹林に遷移するものと思われる。

香春岳の植物の盛衰

　福岡県の植物を知る上で重要な資料に中島一男（1952）の『福岡県植物目録』と福岡県高等学校生物研究部会編（1975）の『福岡県植物誌』があり、香春岳に関しては大内準（1970-72）の『香春岳植物目録』がある。これらの文献と現在の植物を比較することで過去約50年間に香春岳の植物がどのように変化したかを推測することができる。文献では県下で分布の稀また極稀な種類には産地名が示されている。ここでは「香春岳」と記された種類を抜き出して、表1「香春岳における稀少植物」にまとめた。現在その生育が確認できたものには○印を付けた。無印の種類は絶滅したか、または未確認のものである。

　近年、地球温暖化の影響であろうか、二酸化炭素の増加、雨量の増加、気温の上昇などにより光合成が活発になり植物の生育が目に見えてよくなっており、草原ではネザサをはじめ高茎草本の繁茂や樹木の侵入が加速され、そのためにもともと丈の低い種類がそれらに埋れて消失している。また、森林では樹木が生育して高木や亜高木が増加、特に照葉樹の生長が著しく、これまで明るかった所に光が届きにくくなり、林縁部や林床の草本類や低木が急速に減少している。表の中に無印の種類が多いように、今香春岳から姿を消す植物は増える一方である。表1の植物で確認のできた種類は118種中52種で、56％が消失した可能性がある。次に、香春岳にあるか、または文献にあったとされる種類のうち、絶滅危惧種に指定されているものを表2「香春岳の記録のある絶滅危惧種」にまとめた。63種中、現在確認ができているのは39種のみであり、ここでも絶滅危惧ⅠA類：ⅠB類の順番に多くの種類が絶滅したことがわかる。

　原因は明確ではないが、昔あって今見ることのできない種類が非常に多い。樹木が茂ってきたためか、かつて岩上にあったツメレンゲ、キリンソウ、ウンゼンマンネングサ、ムギランなどはもうない。

　英彦山のような冷涼な気候を好むコミヤマカタバミ、サルメンエビネ、レイジンソウ、マンサク、イヌザクラ、チドリノキ、イタヤカエデ、ホオノキ、コブシ、

ケクロモジ、シロモジなどがなくなったのは気候温暖化のせいかもしれない。草原からはウメバチソウ、カキラン、オキナグサ、カラマツソウ、トモエソウ、キキョウなどが消えた。遷移によるものだけでなく、花の美しさから人に採取されたものも少なくないであろう。

香春岳の好石灰岩性コケ植物

　コケ植物にも維管束植物と同様に好石灰岩性の種類が多数報告されている。特に苔類のクラマゴケモドキ科（Porellaceae）や蘚類のイタチゴケ科（Leucodontaceae）などの中にそれに属する種類がある。

　クラマゴケモドキ科ではカハルクラマゴケモドキ、ヒメクラマゴケモドキ、シゲリクラマゴケモドキ、アカクラマゴケモドキ、オオシゲリクラマゴケモドキ、ヤマトクラマゴケモドキ、クラマゴケモドキなどが県内の石灰岩上で確認されている。中でもカハルクラマゴケモドキ Porella stephaniana (C. Massal.) S. Hatt. の異名になっている P. calcicola S. Hatt. はコケ植物の研究で有名な宮崎県の服部植物研究所の服部新佐博士が香春岳で採集され、それがホロタイプ（正基準標本）となっているもので「カワラ」の名が使われている。湿った石灰岩上に群生する長さ3－5cmのコケである。

　イタチゴケ科に関しては2012年服部研究所の鈴木直、岩月善之助博士らの研究により香春岳、竜ケ鼻、平尾台などの石灰岩上にプテロゴニウム属 Pterogoniumが数種あることを報告している。プテロゴニウム属は我が国では初めて存在が明らかになった属である。次の種類であるが、まだ和名はない。

・プテロゴニウム・テネルム（P. tenellum）
　新種として報告され二ノ岳、高座石寺、竜ケ鼻、平尾台にある。
・プテロゴニウム・コレエンセ（P. coreense）
　日本新産として報告され二ノ岳、高座石寺から発見された。
・プテロゴニウム・グラシレ（P. gracile）
　日本新産として報告され竜ケ鼻で発見された。
・プテロゴニウム・シンリンゲンセ（P. tsinlingense）
　日本新産種。本種は約50年前に県立田川高等学校で生物を教えておられた大内準先生が一ノ岳の標高400mで採取されたもので標本は（大内202）とよばれ、

Pterogoniadelphus esquirolii（= Felipponea esquirolii）と同定されていたが鈴木氏らの詳しい研究によりプテロゴニウム・シンリンゲンセと判明したものである。鈴木氏はに2010年に一ノ岳でこのコケを探したが大内先生の採集地は石灰石の採掘によりすでに削られており発見できなかった

シノブゴケ科キヌイトゴケ属キスジキヌイトゴケ
（好石灰岩性のコケ植物。2014.10.23、高座石寺境内）

という。一ノ岳以外でも見つかっていない。

「カワラ」の名を持つコケ植物にもう1種、カワラダケホウオウゴケ（Fissidens amoenus）がある。これは高座石寺の石灰岩上で日本で初めて発見されたもので、これまでは北・中・南米にしか記録がなかった。

田川郡大任町在住のコケ植物の研究者である﨑山欽一郎氏はに2010年に香春町歴史資料館の特別企画のために作成した冊子の中で次のような好石灰性の種類をあげている。

・センボンゴケ科のハマキゴケ、ハリイシバイゴケ
・ヒラゴケ科のホソヒラゴケ、タチヒラゴケ、セイナンヒラゴケ
・ヤナギゴケ科のコガネゴケ
・シノブゴケ科のキスジキヌイトゴケ、チャボシノブゴケ
・ハイヒモゴケ科のオオハイヒモゴケ

コケ植物に関しては研究者が少なく、香春岳に限らずまだ調査・研究が十分にできているとはいえない。福岡県内では先の﨑山欽一郎氏や同じく大任町の木村素子氏らが精力的にとり組んでおり幾多の成果を発表している。1例をあげるとホウオウゴケ科のホウオウゴケ属では新種として報告されたヒコサンホウオウゴケ F. kimurae や日本新産として報告されたサキヤマホウオウゴケ F. subbasilaris などの論文がある。サキヤマホウオウゴケは一ノ岳で採取されたものである。

木村氏は2013年に鈴木直氏に同行して香春岳、竜ケ鼻、平尾台などの石灰岩地のコケ植物の調査を行い、先のイタチゴケ科やホウオウゴケ科植物の発見に尽力した。今後の活躍に期待したい。

■表1 香春岳における稀少植物（文献目録に香春岳にあると記されている種類）
緑色の種類は確認（現存）、その他は未確認の種類で香春岳では絶滅した可能性が高いものである

離弁花類	カバノキ科	イワシデ
	ニレ科	コバノチョウセンエノキ
	クワ科	カカツガユ
	イラクサ科	ミヤマイラクサ　サンショウソウ　コケミズ　コミヤマミズ
	ヒユ科	ヤナギイノコズチ
	ナデシコ科	フシグロセンノウ　ケフシグロ　サワハコベ
	キンポウゲ科	シロバナハンショウヅル　カラマツソウ
	メギ科	バイカイカリソウ　メギ
	モクレン科	コブシ
	ベンケイソウ科	ツメレンゲ　オノマンネングサ　メノマンネングサ　キリンソウ　ウンゼンマンネングサ　ミツバベンケイソウ
	ユキノシタ科	ヒメウツギ　バイカウツギ
	バラ科	ビワ　イヌザクラ　モモ　ヤマナシ　ニガイチゴ　イブキシモツケ　ヤマブキ　ウラジロイチゴ
	マメ科	キハギ　クサフジ　ミヤマトベラ
	カタバミ科	コミヤマカタバミ
	ミカン科	カラタチ
	ツゲ科	ツゲ（アサマツゲ）
	ニシキギ科	イワウメヅル　オオコマユミ
	ムクロジ科	ムクロジ
	クロウメモドキ科	キビノクロウメモドキ
	アオイ科	フヨウ　ムクゲ
	オトギリソウ科	トモエソウ　ツキヌキオトギリ　コケオトギリ
	スミレ科	ナガバノスミレサイシン　ケマルバスミレ
	ジンチョウゲ科	オニシバリ　コガンピ
	グミ科	ウラギンツルグミ
	ウコギ科	ケヤマウコギ

合弁花類	サクラソウ科	モロコシソウ　リュウキュウコザクラ
	フジウツギ科	エイシュウカズラ　ホウライカズラ
	ムラサキ科	サワルリソウ　ホタルカズラ　ムラサキ　オオルリソウ
	シソ科	ニシキゴロモ　フトボナギナタコウジュ　マネキグサ　キセワタ　ヒカゲヒメジソ　スズコウジュ
	ナス科	ヤマホロシ
	ゴマノハグサ科	ヒキヨモギ
	キツネノマゴ科	スズムシバナ　イセハナビ
	アカネ科	ホソバノヨツバムグラ　オオアカネ
	スイカズラ科	イワツクバネウツギ　チョウジガマズミ　ヤマヒョウタンボク
	オミナエシ科	オトコオミナエシ
	キキョウ科	キキョウ
	キク科	ヒメシオン　ヤナギアザミ　ウラユキヤナギアザミ　イズハハコ　アキノハハコグサ　ヤマジノギク　ノニガナ　ヤマニガナ　ヒメヒゴタイ　タムラソウ
単子葉植物	イネ科	ミチシバ　オオネズミガヤ　チョウセンガリヤス　サイシュウノガリヤス　キダチノネズミガヤ　オオイチゴツナギ
	カヤツリグサ科	イワカンスゲ　ジングウスゲ
	ユリ科	タチシオデ　ヤマカシュウ　ノカンゾウ
	キンバイザサ科	キンバイザサ
	ラン科	ムギラン　サルメンエビネ　ギンラン　ムカゴトンボ　ツレサギソウ　クモキリソウ　ヨウラクラン　キンラン　アケボノシュスラン　マツラン　カシノキラン
シダ植物	コケシノブ科	コケシノブ
	イノモトソウ科	キドイノモトソウ
	オシダ科	オトコシダ　オオベニシダ　キンモウワラビ　ツルデンダ　オオキヨズミシダ　タチデンダ
	チャセンシダ科	イチョウシダ　クモノスシダ
	ウラボシ科	ビロードシダ

平地や低湿地性の種類は除外した

■表2　香春岳の記録のある絶滅危惧種（香春岳にあるか、またはあったとされる種類）
福岡県レッドデータブック2011による
○印は生育確認　△印は現在きわめて個体数の少ない種類　×印は未確認

和名	科名	カテゴリー		
		福岡県	環境省	
キドイノモトソウ	イノモトソウ科	ⅠA類	Ⅱ類	△
キンモウワラビ	イワデンダ科	ⅠA類	Ⅱ類	△
フシグロセンノウ	ナデシコ科	ⅠA類	―	×
カラマツソウ	キンポウゲ科	ⅠA類	―	×
トモエソウ	オトギリソウ科	ⅠA類	―	×
ミヤマトベラ	マメ科	ⅠA類	―	×
モロコシソウ	サクラソウ科	ⅠA類	―	△
スズコウジュ	シソ科	ⅠA類	―	×
ヤマタツナミソウ	シソ科	ⅠA類	―	×
ヤマホオズキ	ナス科	ⅠA類	ⅠB類	×
ヤマヒョウタンボク	スイカズラ科	ⅠA類	―	×
アキノハハコグサ	キク科	ⅠA類	Ⅱ類	×
ミチシバ	イネ科	ⅠA類	―	×
キエビネ	ラン科	ⅠA類	ⅠB類	×
サルメンエビネ	ラン科	ⅠA類	Ⅱ類	×
ムカゴトンボ	ラン科	ⅠA類	ⅠB類	×
イチョウシダ	チャセンシダ科	ⅠB類	―	△
タチデンダ	オシダ科	ⅠB類	―	×
ミヤマイラクサ	イラクサ科	ⅠB類	―	△
オキナグサ	キンポウゲ科	ⅠB類	Ⅱ類	×
バイカイカリソウ	メギ科	ⅠB類	―	△
ミツバベンケイソウ	ベンケイソウ科	ⅠB類	―	△
キハギ	マメ科	ⅠB類	―	×
イヌハギ	マメ科	ⅠB類	準絶滅	△
マキエハギ	マメ科	ⅠB類	―	○
コガンピ	ジンチョウゲ科	ⅠB類	―	×
オオルリソウ	ムラサキ科	ⅠB類	―	△
ムラサキ	ムラサキ科	ⅠB類	ⅠB類	△
イガホオズキ	ナス科	ⅠB類	―	△
マルバノホロシ	ナス科	ⅠB類	―	△
ヒキヨモギ	ゴマノハグサ科	ⅠB類	―	△
ツクシタンポポ	キク科	ⅠB類	Ⅱ類	△
ノヒメユリ	ユリ科	ⅠB類	ⅠB類	△
キンバイザサ	キンバイザサ科	ⅠB類	―	×

ツチグリ	バラ科	Ⅱ類	ⅠB類	△
モリイバラ	キク科	Ⅱ類	—	×
ツゲ	ツゲ科	Ⅱ類	—	△
キビノクロウメモドキ	クロウメモドキ科	Ⅱ類	Ⅱ類	○
オニシバリ	ジンチョウゲ科	Ⅱ類	—	○
ヨロイグサ	セリ科	Ⅱ類	—	△
ミシマサイコ	セリ科	Ⅱ類	Ⅱ類	○
リンドウ	リンドウ科	Ⅱ類	—	△
ムラサキセンブリ	リンドウ科	Ⅱ類	準絶滅	△
フナバラソウ	ガガイモ科	Ⅱ類	Ⅱ類	○
スズサイコ	ガガイモ科	Ⅱ類	準絶滅	△
マネキグサ	シソ科	Ⅱ類	準絶滅	△
キセワタ	シソ科	Ⅱ類	Ⅱ類	○
ゴマノハグサ	ゴマノハグサ科	Ⅱ類	Ⅱ類	△
チョウジガマズミ	スイカズラ科	Ⅱ類	準絶滅	○
イワツクバネウツギ	スイカズラ科	Ⅱ類	Ⅱ類	○
キキョウ	キキョウ科	Ⅱ類	Ⅱ類	×
カセンソウ	キク科	Ⅱ類	—	△
タカサゴソウ	キク科	Ⅱ類	Ⅱ類	△
ヒメヒゴタイ	キク科	Ⅱ類	Ⅱ類	△
エビネ	ラン科	Ⅱ類	準絶滅	○
ギンラン	ラン科	Ⅱ類	—	×
キンラン	ラン科	Ⅱ類	Ⅱ類	△
ノヤナギ	ヤナギ科	準絶滅	—	×
シロバナハンショウヅル	キンポウゲ科	準絶滅	—	○
バイカウツギ	ユキノシタ科	準絶滅	—	○
イブキシモツケ	バラ科	準絶滅	—	○
ヤブレガサ	キク科	準絶滅	—	△
ヤマニガナ	キク科	情報不足	—	×

カテゴリー定義
色々な基準があるが、ここではその一例をあげておく。
- 絶滅危惧ⅠA類（ⅠA類）は過去および今後10年間もしくは3世代のどちらか長い期間を通じて80％以上の減少があったと推定されるか、今後予測される種類
- 絶滅危惧ⅠB類（ⅠB類）はⅠA類と同様に50％以上の減少があったと推定されるか、今後予想される種類
- 絶滅危惧Ⅱ類は（Ⅱ類）はⅠA類やⅠB類と同様に30％以上の減少があったと推定されるか、今後予測される種類
- 準絶滅危惧は個体数の減少や生息条件の悪化、過度の採取圧がかかっている種類
- 情報不足は上記のカテゴリーのいずれかに属するが情報量が少ないためにランクの判定ができない種類

香春岳のニホンザルの記録

年	事項
永禄4年 (1561)	鬼ヶ城の落城の折、城主であった原田五郎義種を沢山のサルが出てきて救ったという記載があり、香春岳には昔からサルが生息していたことがわかる。サルは山王権現の使いとして月に2回、一ノ岳から福智山の福智権現にお参りしていたという逸話がある。
大正11年 (1922)	阿部幸六氏は鷹羽郷土研究会会報で香春岳に1群30頭が生息していると記している。サル保護のため、この年から20年間禁獲区となった。
昭和13年 (1956)	香春尋常小学校発行の郷土読本に「1群40—50頭が生息」と記載。
昭和30年 (1958)	日本セメント香春工場は石灰岩の採掘を従来の傾斜面採掘法から階段採掘に切りかえるために神宮院近くから山頂まで輸送のための道路を開設した。道路は九十折に東斜面を削って作られたためサルの生息に影響し人里におりてきて農作物を荒らすことが多くなった。
昭和31年 (1956)	大内準氏は「郷土田川」で1群約50頭が棲息していると記している。この頃、高崎山にならって神宮院一帯を野猿公苑化して観光客をよび寄せてはという計画があった。
昭和39年 (1964)	著者は田川高校の生物部員と共にサルの群の調査に着手、これにより香春岳のサルの生態が次第に明らかになっていった。この頃のサルは警戒心が非常に強く、猿に近づくことは容易でなかった。この年から猿害防止のために採銅所長光地区で第一次捕獲が始まった。
昭和40年 (1965)	6月、神宮院に野外ケージが完成し、捕獲したサルを飼育することになった。著者は三ノ岳で61頭を確認した。第一次捕獲で捕えた28頭を加えると当時約90頭が生息していたことになる。
昭和41年 (1966)	4月で第1次捕獲が終了した。ワイヤーをつかっての捕獲であったため7頭が傷つき死んだ。野外ケージでは当初21頭を飼育した。
昭和43年 (1968)	7月、高座石寺のケージが破られて7頭が脱出、小さな群ができた。しかし12月にはリーダーが捕らえられ残りは群に吸収された。
昭和45年 (1970)	これまで遊動域は香春岳に限られていたが三ノ岳から4kmも離れた採銅所の後入道まで、7月には田川市夏吉まで拡大された。このことによりさらに農作物の被害が大きくなった。
昭和47年 (1972)	九州大学理学部生物学科動物生態学教室により生態調査が行われ、7月に97頭、11月に91頭が確認された。
昭和48年 (1973)	九州大学の調査により2月に89頭、6月に102頭、11月に88頭が数えられた。ついに100を超えたことになる。香春町はサルを捕獲するために有害鳥獣駆除の申請をした。

昭和49年 (1974)	第2次捕獲、二ノ岳の五徳山麓に餌付け用のオリを造りそれに群を誘導して2月19日に34頭、3月12日に19頭、合計53頭を捕獲した。山には約31頭が残った。捕獲したサルは熊本市動物園にひきとられたが飼育されることなく実験動物として処分されたという。捕獲の方法には問題があった。群の将来を心配してリーダー格のオスを1頭山に残しておくよう相談したが、それは受入れられなかった。その後、心配した通り群に変化が起った。
昭和51年 (1976)	9月、29頭。第2次捕獲以降、群からの離散が目立つようになった。
昭和52年 (1977)	4月、25頭。離散するのはオスに限らず、オスとメス、子供を連れたメスなど複数での離散が起こった。
昭和56年 (1981)	4月、15頭。これは香春岳群では最も少い数である。この頃、外部からリーダーとなるオスが入ってきて昭和60年頃から増加に転じた。
昭和62年 (1987)	8月、32頭。昭和49年の第2次捕獲ではサルを驚かさないようゆっくり捕獲オリに誘導したのでサルは人に慣れ逃げなくなってきた。
平成3年 (1991)	1月、45頭。8月にリーダーがワイヤーをつかった罠にかかり左後足を切断。
平成4年 (1992)	8月1日、何者かによって神宮院の野外ゲージの鍵がこわされ中にいた10頭全部が脱出した。外に出たサルは別群として行動したが、12月、成オスの3頭以外は群と合流した。
平成5年 (1993)	3月、53頭。1月後半から3月末までは連日神宮院を離れなかった。香春町産業振興課の依頼により「香春岳の野生ニホンザルに関する調査報告書」作成。
平成6年 (1994)	3月、香春町サル保護対策協議委員会発足。サルを過去のように有害動物として捉えるのではなく、動物保護の視点から、人とサルが共存していくにはどうすればよいかを検討していくこととなった。
平成7年 (1995)	6月、サル保護対策協議委員会の答申により、サルの動向を知り、追い上げによる被害防止のために2名の巡視員をおくことになった。
平成8年 (1996)	6月、宮崎野生動物研究会の竹下完氏に実態調査を依頼。9月64頭を確認。テレメーターによる行動の追跡を開始した。
平成15年 (2003)	秋から香春岳を離れて遊動する日数が多くなった。9月は16日間、10月は25日、11月は15日間。
平成16年 (2004)	11月竹下完氏と元日本モンキーセンター研究員の堀尾和昭氏は五徳で約120頭を数えた。
平成17年 (2005)	これまでの香春町サル保護対策協議委員会を香春町サル対策協議委員会に名称変更。年を追って香春岳以外の地に遊動する日数が増えた。平成15年26.8%、平成16年40%、平成17年46.5%。

平成18年 (2006)	香春町産業振興課の依頼により「野生ニホンザルの生息状況調査報告書」を作成。9月6日から10月6日までの間に群の大移動があった。6日金辺峠から竜ケ鼻へ、岩壁を東側に向ったあと方向を転じて平尾台の山麓部を時計まわりに新道寺、横代、貫をまわって苅田町へ移動した。苅田町の高城山を中心に19日間滞在した。9月の終り頃苅田町を出て旧勝山町へ、米山、矢山などを経て10月6日に香春岳に戻ってきた。この間移動距離は直線距離にして約31km。群がこれほどの大移動を行ったのは初めてのことであった。
平成19年 (2007)	3月19日、群の分裂が起きる。香春岳には約50頭が残り、あとの約100頭が香春岳から出て行った。香春岳に残った方をA群、出て行った方をB群と呼ぶことにした。巡視員の日誌を分析することで3月19日に分裂したことが明らかになった。
平成20年 (2008)	7月17日、福岡県サル被害対策検討委員会発足。自分も委員として参加した。A群はほとんど香春岳にいて時に採銅所の矢山あたりまで行っている。B群はできるだけ香春岳を避けて遊動しており五徳、長光、矢山、鍛冶屋敷、後入道、谷口、金辺峠一帯の利用頻度が高い。金辺峠からはみやこ町と境する山地の山麓部を南方向に柳田、道越、東山、宮原、呉、高野、浦松へ、そして大阪山南麓の柿下まで遊動し東山や呉など数箇所からは山を越えてみやこ町にも移動するようになった。さらに金辺峠からは北へ、北九州市小倉南区の頂吉、呼野、井手浦、中谷へ、時には合馬までも行ったことがある。一方、五徳からは福智山地の南西山麓沿いに田川市岩屋（ごうや）から福智町の岩屋（いわや）まで、時には上野峡まで遊動している。B群の遊動域の面積は約54km²であり、全国でも屈指の広い遊動域を持つ群である。
平成21年 (2009)	3月、福岡県ニホンザル対策基本方針策定。人間とニホンザルの生活域を分けることによって猿害をなくすことを基本的な方針としたものでそのための対策や具体的な手法がもり込まれた。
平成22年 (2010)	B群から20頭あまりが分裂してC群を形成したと見られる。3月現在、A群約50頭、B群約120頭、C群約20頭。A群とB群はできるだけ衝突しないように相手を避けて遊動している。C群は東山や宮原方面にいるもよう。
平成24年 (2012)	A群約60頭、B群約130頭、C群約25頭が生息していると思われる。
平成26年 (2014)	3月、A群のテレメーターをつけた2頭№4と№5が夏吉と採銅所の谷口に分かれていて異常が起こった。その後、冬になって№4はB群に入った。
平成27年 (2015)	A群は五徳と中組を中心に遊動しているが、姿を見せるのは10頭あまりのことが多い。B群は2月から3月にかけては夏吉と福智町を遊動していたが、4月に入ってからはほとんど北九州市にいる。C群は味見峠をはさんで採銅所の東山とみやこ町の浦河内地域にいて、その数約30頭。いずれにしてもサルは森林内にいることが多く、人里に大挙して出てくることが少なくなっている。それは巡視員の追い上げや捕獲、猟友会の協力などの効果の表れと思われる。

参考文献

岩月善之助他．1974．原色日本蘚苔類図鑑　保育社
大内準．1970-72．香春岳植物目録（1）-（3）　生物福岡10、11、12号
唐木田芳文他．1992．日本の地質G九州地方　共立出版
北九州教育委員会．1973．カルスト台地平尾台の植生とフロラ　北九州市文化財調査報告書第13集　文信堂
香春町誌編集委員会．1966．香春町誌　香春町
環境庁編．2000．改訂日本の絶滅のおそれのある野生生物　レッドデータブック8．植物（維管束植物）　財団法人　自然環境研究センター
佐竹義輔他．1981-1992．日本の野生植物　草本Ⅰ・Ⅱ・Ⅲ、木本Ⅰ・Ⅱ、シダ植物　平凡社
石灰石鉱業協会編．1983．日本の石灰石　ヤスキ印刷所・東京
筒井貞雄．1988．福岡県植物目録　シダ植物　福岡植物研究会
中島一男．1952．福岡県植物目録　福岡県林業試験場時報6
鍋島与市．1930．香春岳産植物目録　福史名天紀調報5
福岡県香春町教育委員会．1992．香春岳　埋蔵文化財調査報告と自然
福岡県高等学校生物研究部会編．1975．福岡県植物誌　博洋社
福岡県環境部自然環境課．2011．福岡県の希少野生生物　福岡県レッドデータブック2011
宮脇昭編．1981．日本植物誌・九州　至文堂
山中二男．1965．日本のイワシデ群落　高知大学学術研究報告第13巻自然科学Ⅰ第4号
山中二男．1966．九州中部の石灰岩植生　とくにアラカシおよびイワシデ群落について　高知大学学術研究報告第15巻自然科学Ⅰ第1号
山中二男．1966．アラカシ-ナンテン群集について　高知大学学術研究報告自然科学第2号
横田直吉退職記念出版会．1982．平尾台の石灰洞　日本洞窟協会
吉岡重夫．1964．北九州市の植物　北九州植物友の会
香春神社創建、一千三百年祭実行委員会編集記録部会．2015．香春神社壱千参百年史
木村素子・鈴木直・岩月善之助．2013．福岡県のFissidens（ホウオウゴケ属）　Hattoria 4
木村素子．2013．香春岳のコケ ― 古生代につながるなぞの苔路 ―　郷土誌史かわら Vol.77

索引

種名

■ア

アキカラマツ　キンポウゲ科　110
アキグミ　グミ科　132
アキノキリンソウ　キク科　125
アケボノソウ　リンドウ科　126
アマドコロ　ユリ科　82
アミガサタケ　アミガサタケ科　142
アラゲキクラゲ　キクラゲ科　144
イガホオズキ　ナス科　94
イチョウシダ　チャセンシダ科　50
イヌザンショウ　ミカン科　132
イヌハギ　マメ科　112
イヌビワ　クワ科　110
イノデ　オシダ科　138
イブキシモツケ　バラ科　33
イボタノキ　モクセイ科　86
イワガラミ　ユキノシタ科　78
イワシデ　カバノキ科　28
イワツクバネウツギ　スイカズラ科　29
ウツギ（ウノハナ）　ユキノシタ科　92
ウツボグサ　シソ科　93
ウバユリ　ユリ科　102
ウマノスズクサ　ウマノスズクサ科　102
ウラギンツルグミ　グミ科　116
ウラジロイチゴ（エビガライチゴ）　バラ科　86
ウリハダカエデ　カエデ科　68
エゴノキ　エゴノキ科　87
エビネ　ラン科　74
オオキツネノカミソリ　ヒガンバナ科　99
オオコマユミ　ニシキギ科　30
オオハンゲ　サトイモ科　100
オオルリソウ　ムラサキ科　97
オカトラノオ　サクラソウ科　98
オガルカヤ　イネ科　119

オキナグサ　キンポウゲ科　71
オトギリソウ　オトギリソウ科　118
オトコエシ　オミナエシ科　125
オトコヨモギ　キク科　117
オニシバリ（ナツボウズ）　ジンチョウゲ科　38
オノマンネングサ　ベンケイソウ科　89
オミナエシ（オミナメシ）　オミナエシ科　107

■カ

カカツガユ　クワ科　33
カゴノキ　クスノキ科　48
カセンソウ　キク科　100
カニノツメ　アカカゴタケ科　144
カノコソウ（ハルオミナエシ）　オミナエシ科　80
ガマズミ　スイカズラ科　84
カマツカ（ウシコロシ）　バラ科　79
カヤ　イチイ科　47
カラタチ　ミカン科　45
カワミドリ　シソ科　123
カワラナデシコ　ナデシコ科　104
カンサイタンポポ　キク科　61
キキョウ　キキョウ科　109
キジムシロ　バラ科　65
キセワタ　シソ科　121
キドイノモトソウ　イノモトソウ科　49
キヌガサタケ　スッポンタケ科　141
キビノクロウメモドキ　クロウメモドキ科　36
キランソウ　シソ科　68
キンモウワラビ（オオバノキンモウワラビ）　イワデンダ科　49
キンラン　ラン科　73
ギンラン　ラン科　73
ギンリョウソウ　イチヤクソウ科　77

クスドイゲ　イイギリ科　55
クマノミズキ　ミズキ科　93
クモノスシダ　チャセンシダ科　50
クララ　マメ科　91
クルマバナ　シソ科　101
クロミノサワフタギ　ハイノキ科　84
ケンポナシ　クロウメモドキ科　131
コオニユリ　ユリ科　99
コクラン　ラン科　96
コシオガマ　ゴマノハグサ科　127
コショウノキ　ジンチョウゲ科　41
コツクバネウツギ　スイカズラ科　71
コバノチョウセンエノキ　ニレ科　36
コバノヒノキシダ　チャセンシダ科　138
コバノボタンヅル　キンポウゲ科　114
ゴマギ　スイカズラ科　78
ゴマノハグサ　ゴマノハグサ科　107
コミヤマミズ　イラクサ科　122
コメガヤ　イネ科　80

■ サ

サイコクイワギボウシ　ユリ科　108
サイヨウシャジン　キキョウ科　117
サツマイナモリ　アカネ科　62
サラシナショウマ　キンポウゲ科　135
サルトリイバラ　ユリ科　137
サルナシ　マタタビ科　115
サワハコベ　ナデシコ科　76
サワヒヨドリ　キク科　108
サンショウ　ミカン科　46
シマカンギク　キク科　130
ジャケツイバラ　マメ科　86
シュウメイギク　キンポウゲ科　44
シュンラン　ラン科　64
シラヤマギク　キク科　112
シロバナハンショウヅル　キンポウゲ科　30
シロヨメナ　キク科　131
スズサイコ　ガガイモ科　95
スズシロソウ　アブラナ科　42
センブリ　リンドウ科　128

センボンヤリ　キク科　61
ソクシンラン　ユリ科　90

■ タ

ダイコンソウ　バラ科　103
タイリンアオイ　ウマノスズクサ科　69
タカサゴソウ　キク科　72
タカネマンネングサ　ベンケイソウ科　89
タツナミソウ　シソ科　83
タニギキョウ　キキョウ科　76
チョウジガマズミ　スイカズラ科　31
ツクシタツナミソウ　シソ科　85
ツクシタンポポ　キク科　64
ツゲ（アサマツゲ）　ツゲ科　39
ツタ（ナツヅタ）　ブドウ科　136
ツチグリ　バラ科　75
ツチグリ　ツチグリ科　143
ツヅラフジ（オオツヅラフジ）　ツヅラフジ科　48
ツルデンダ　オシダ科　51
ツルニンジン　キキョウ科　114
ツルマサキ　ニシキギ科　96
ツワブキ　キク科　135
トベラ　トベラ科　56

■ ナ

ナガバタチツボスミレ　スミレ科　67
ナギナタコウジュ　シソ科　119
ナルコユリ　ユリ科　83
ナワシログミ　グミ科　69
ナンテン　メギ科　47
ナンバンギセル　ハマウツボ科　126
ニオイタチツボスミレ　スミレ科　66
ニガキ　ニガキ科　81
ニガクサ　シソ科　101
ヌスビトハギ　マメ科　105
ネコノチチ　クロウメモドキ科　109
ノコンギク　キク科　134
ノダケ　セリ科　129
ノヒメユリ　ユリ科　88

種名　225

■ハ

バイカイカリソウ　メギ科　43
バイカウツギ　ユキノシタ科　34
バクチノキ（ビランジュ）　バラ科　54
ハダカホオズキ　ナス科　133
ハナウド　セリ科　92
ハハヤマボクチ　キク科　122
ハンカイソウ　キク科　90
ヒオウギ　アヤメ科　98
ヒキオコシ　シソ科　120
ヒキヨモギ　ゴマノハグサ科　106
ヒトリシズカ　センリョウ科　66
ヒノキバヤドリギ　ヤドリギ科　137
ヒメアザミ（ヒメヤマアザミ）　キク科　129
ヒメウツギ　ユキノシタ科　37
ヒメカナワラビ　オシダ科　140
ヒメハギ　ヒメハギ科　65
ヒメヒゴタイ　キク科　111
ヒメホウキタケ　ホウキタケ科　143
ヒメヨツバムグラ　アカネ科　90
ヒメレンゲ　ベンケイソウ科　70
ヒヨドリジョウゴ　ナス科　133
ヒヨドリバナ　キク科　115
ヒラオヤブソテツ　オシダ科　140
ヒラタケ　ヒラタケ科　144
ビロードシダ　ウラボシ科　51
ヒロハハナヤスリ　ハナヤスリ科　139
ビワ　バラ科　37
フウトウカズラ　コショウ科　54
フタリシズカ　センリョウ科　79
フデリンドウ　リンドウ科　63
フナバラソウ　ガガイモ科　85
フユイチゴ　バラ科　136
フユザンショウ　ミカン科　35
フユノハナワラビ　ハナヤスリ科　139
フヨウ　アオイ科　57
ヘビノネゴザ　イワデンダ科　139
ホウチャクソウ　ユリ科　72
ホウライカズラ　マチン科　42

ホソバヒカゲスゲ　カヤツリグサ科　47
ホタルカズラ　ムラサキ科　77

■マ

マキエハギ　マメ科　104
マツカゼソウ　ミカン科　108
マネキグサ　シソ科　113
マムシグサ　サトイモ科　63
マルバアオダモ（ホソバアオダモ）　モクセイ科　34
マルバコンロンソウ　アブラナ科　67
マルバノホロシ　ナス科　113
マルバハギ　マメ科　110
ミズヒキ　タデ科　118
ミシマサイコ　セリ科　45
ミツバグサ　セリ科　121
ミツバツチグリ　バラ科　75
ミツバベンケイソウ　ベンケイソウ科　41
ミヤコイバラ　バラ科　87
ミヤマイラクサ　イラクサ科　43
ミヤマウグイスカグラ　スイカズラ科　70
ミヤマウズラ　ラン科　120
ミヤマトベラ　マメ科　91
ムクゲ　アオイ科　57
ムクノキ（ムクエノキ）　ニレ科　130
ムクロジ　ムクロジ科　56
ムサシアブミ　サトイモ科　53
ムベ（トキワアケビ）　アケビ科　76
ムラサキ　ムラサキ科　44
ムラサキセンブリ　リンドウ科　134
ムレオフウセンタケ　フウセンタケ科　142
メギ（コトリトマラズ）　メギ科　46
メヤブマオ　イラクサ科　103
モミジガサ　キク科　116
モモ　バラ科　38
モロコシソウ　サクラソウ科　52

■ヤ

ヤクシソウ　キク科　123
ヤナギアザミ　キク科　127

ヤブミョウガ　ツユクサ科　103
ヤブレガサ　キク科　40
ヤブラン　ユリ科　106
ヤマイバラ　バラ科　81
ヤマカシュウ　ユリ科　39
ヤマザクラ　バラ科　60
ヤマジノギク　キク科　124
ヤマシロギク（イナカギク）キク科　35
ヤマネコノメソウ　ユキノシタ科　62

ヤマハタザオ　アブラナ科　82
ヤマハッカ　シソ科　124
ヤマブキ　バラ科　32
ヤマフジ　マメ科　68
ヤマボウシ　ミズキ科　92
ヨロイグサ　セリ科　105

■ラ

リンドウ　リンドウ科　128

科　名

■ア

アオイ科　57
アカカゴタケ科　144
アカネ科　62、90
アケビ科　76
アブラナ科　42、67、82
アミガサタケ科　142
アヤメ科　98
イイギリ科　55
イチイ科　47
イチヤクソウ科　77
イネ科　80、119
イノモトソウ科　49
イラクサ科　43、103、122
イワデンダ科　49、139
ウマノスズクサ科　69、102
ウラボシ科　51
エゴノキ科　87
オシダ科　51、138、140
オトギリソウ科　118
オミナエシ科　80、107、125

■カ

カエデ科　68
ガガイモ科　85、95

カバノキ科　28
カヤツリグサ科　47
キキョウ科　76、109、114、117
キク科　40、61、64、72、90、100、108、111、112、115－117、122－125、127、129－131、134、135
キクラゲ科　144
キンポウゲ科　30、44、71、110、114、135
クスノキ科　48
グミ科　69、116、132
クロウメモドキ科　36、109、131
クワ科　53、110
コショウ科　54
ゴマノハグサ科　107、106、127

■サ

サクラソウ科　52、98
サトイモ科　53、63、100
シソ科　68、83、85、93、101、113、119－121、123、124
ジンチョウゲ科　38、41
スイカズラ科　29、31、70、71、78、84
スッポンタケ科　141
スミレ科　66、67
セリ科　45、92、105、121、129
センリョウ科　66、79

■タ

タデ科　118
チャセンシダ科　50、138
ツゲ科　39
ツチグリ科　143
ツヅラフジ科　48
ツユクサ科　103
トベラ科　56

■ナ

ナス科　94、113、133
ナデシコ科　76、104
ニガキ科　81
ニシキギ科　30、96
ニレ科　36、130

■ハ

ハイノキ科　84
ハナヤスリ科　139
ハマウツボ科　126
バラ科　32、33、37、38、54、60、65、75、
　　79、81、86、87、103、136
ヒガンバナ科　99
ヒメハギ科　65
ヒラタケ科　144

フウセンタケ科　142
ブドウ科　136
ベンケイソウ科　41、70、89、89
ホウキタケ科　143

■マ

マタタビ科　115
マチン科　42
マメ科　68、86、91、104、105、110、112
ミカン科　35、45、46、108、132
ミズキ科　92、93
ムクロジ科　56
ムラサキ科　44、77、97
メギ科　43、46、47
モクセイ科　34、86

■ヤ

ヤドリギ科　137
ユキノシタ科　34、37、62、78、92
ユリ科　39、72、82、83、88、90、99、102、
　　106、108、137

■ラ

ラン科　64、73、74、96、120
リンドウ科　63、126、128、134

あとがき

　香春岳はその昔、平尾台の一隅であったが、南北に走る大断層ができたことで切り離され南方に移動してできたといわれる。三峰からなる独特の山容は見る人に強烈な印象を与えてきたが、それにとどまらず、この山は山の中に目を見張るものを蔵している。

　香春岳は古代から信仰の山であった。奈良時代以降、銅をはじめとする採鉱の歴史があり、各所に間歩やズリが残っている。中世には長きにわたり豪族たちの争奪の場となり、今なお城跡や人桝・石塁・土塁などの遺構を見ることができる。また、石灰岩地であるが故の独特な好石灰植物、その他の希少植物の存在など1200種にも及ぶ植物の豊庫であり、また、ニホンザルの生息地としても有名である。

　小さな山でありがなら、宗教・歴史・地質・生物など多岐にわたってこれほどの研究材料を提供してくれる山は、県下広しといえども類をみない。とにかく香春岳は素晴しい山である。

　1962年から母校である田川高等学校に生物の教員として勤めるようになってからは、休日をつかってこの山に入り、植物やニホンザルを調査してきた。1986年にはその一端を『香春岳の自然』で紹介したが、自然環境というものは遠目には安定しているように見えても内実は流動的であり、特に近年は地球温暖化の影響もあって、高茎草本や樹木の繁茂により、従来からの貴重な植物が衰退・消滅するなど危機的な状況になっている。調査してきた50数年間だけでも、香春岳から絶滅したり絶滅寸前になったりした種類は少なくない。

　これらの植物の変化や山の現状を記録しておくことは、将来この山を見ていく上で大事な資料になると思い、再びとり上げることにした。

植物については香春岳において特に重要であるイワシデ群落、好石灰植物、沿海性の種類を別にとり扱ってみた。その他の種類については季節を追って配列している。開花時期については年によって大きく変動することがあるので、そのつもりで見ていただきたい。現存する植物やニホンザルなどについてはできるだけ新しい写真を使おうと心掛けたが、年々の植物の出来、不出来や写真の良し悪しもあって、過去の写真を使用したところがある。また、中世の遺構や間歩などは専門外の分野であるが、自分のこれまでに撮り溜めたものの中から並べておいた。

　調査にあたっては登山道周辺の様子がわかると次には道のない所に分け入り、大げさに言うと、ここはと思う所は隈なく登った。香春岳は岩山で危険なため、人を伴って登るとそれだけ危険が増すので、ほとんどの場合、1人で行動した。一ノ岳の白米落しや二ノ岳の観音岩の鼻の大岩壁もロープも持たずに登ったことがある。命がけであった。何度かサルの群に取り囲まれ、ひどく攻撃されたこともある。

　これまでに集めた植生、植物、ニホンザルその他の調査資料や報告書など、そしてそれらに関する写真資料や文献は、膨大な量になる。ここに示したものはそれらのごく一部にすぎないが、皆様にもこの山の魅力を共有して欲しいと思う。

　一ノ岳の採石は依然続いているが、セメントの製造は中止され、平成27年1月からは工場の解体が始まっており、香春岳は一つの節目を迎えたといえる。一ノ岳は仕方がないとしても、植物の宝庫であり、中世の山城の遺構を留める二ノ岳と、銅をはじめとする種々の鉱石を採掘した数多くの間歩のある三ノ岳が、今のままの姿で残ることを願ってやまない。

　これまでには多くの方々のご指導、ご支援をいただいた。

　稿を終えるにあたり海鳥社の西俊明会長をはじめ杉本雅子新社長には大変お世話になった。香春町の加治忠一町長には巻頭の辞を快く引き受けていただいた。重ねてお礼申し上げる。

　恩師である大内準先生には色々とご指導いただいた。先生は昭和20年か

ら44年まで田川高等学校で生物の教師として勤める傍ら香春岳や英彦山の植物を詳しく調査され数々の業績を残された方である。私が母校に勤めるようになってからは幾度となくいっしょに香春岳や英彦山に登り、現地でご指導いただいた。このことは私にとって最大の幸運であった。また、田川郡大任町在住の木村素子氏にはコケ植物について色々とご教示をいただいた。

　さらに私が田川高等学校に勤め始めた頃の生物部のOBらが中心になって設立した「香春 道草の会」の皆さんには色々とお世話になってきた。平成24年に本著の出版を思い立ってからは調査や確認のために度々香春岳に登ってきたが、道草の会の原田忠、正蔵寺秀昭の両氏をはじめ高山善昭、大森幹雄、原口秀治氏らは私の体を心配してその都度山に同行し、調査の手伝いをしてくれた。誠に有り難いことであった。また香春町役場の産業振興課の野生生物担当の方々からはサルの情報いただいた。

　これまでに協力してくださった多くの方々に感謝申し上げる。

　題字は長女の大浦郁子が書いた。

　　2016年3月

　　　　　　　　　　　　　　　　　　　　　　　　　　　　熊谷信孝

熊谷信孝（くまがえ・のぶたか）
1936年、福岡県田川郡福智町（旧赤池町）上野に生まれる。1960年、岡山大学理学部生物学科卒業。1962−1997年、福岡県立田川高等学校教諭。
福岡県環境教育アドバイザー、日本自然保護協会自然観察指導員、KBC 水と緑の委員会委員、福岡県生物多様性戦略専門委員会委員（2013年）、福岡県希少野生生物調査検討会委員（2001年）、田川市文化財専門委員、鞍手町歴史民俗博物館運営委員、福智町文化財専門委員、香春町サル対策協議委員会委員、香春町鳥獣害防止対策協議会委員、香春 道草の会顧問。
1997年、福岡県教育文化功労者表彰。
2016年、平成28年度「みどりの日」自然環境功労環境大臣表彰。
専門分野の論文のほか著書に『香春岳の自然』、『英彦山地の自然と植物』（葦書房）、『貫・福智山地の自然と植物』、『英彦山、犬ヶ岳山地の自然と植物』（海鳥社）、共著として『福岡県の希少野生生物　福岡県レッドデータブック2001』、『中高年のための登山学　登山道で会える花　中国・四国・九州エリア』（日本放送出版協会）、『田川市の自然環境』（田川市）、『香春岳』（香春町教育委員会）』『赤池町史』、『添田町史』、『川崎町史』、『庄内町誌』、『香春町史』、『勝山町史』などがある。

自然誌 香春岳
（しぜんし かわらだけ）

■

2016年4月20日　第1刷発行

■

著者　熊谷信孝
発行者　杉本雅子
発行所　有限会社海鳥社
〒812-0023　福岡市博多区奈良屋町13番4号
電話092(272)0120　FAX092(272)0121
印刷・製本　大村印刷印刷株式会社
ISBN 978-4-87415-975-0
http://kaichosha-f.co.jp/
［定価は表紙カバーに表示］